西点军校成功法则

兰晓华◎编著

中国纺织出版社

内 容 提 要

提到西点军校，大家总是心生向往，并且由衷地感到尊敬和佩服，它们用自己独有的方式，培养出很多世界级人才，它们的教育理念和手段，非常具有吸引力。

本书汇总了美国西点军校200年来奉行的一些重要的行为准则，它让西点军校的学员拥有了优于常人的制胜能力。其中有很多值得我们学习和借鉴的法则和道理。它让每个人都重新思考关于责任、目标、思维、挑战、机遇和宽容等的内涵，帮助大家更清晰地认知自我，从而完善自我，推动自己的事业和人生迈向新的台阶。

图书在版编目（CIP）数据

西点军校成功法则/兰晓华编著. --北京：中国纺织出版社，2022.6
ISBN 978-7-5064-9708-4

Ⅰ．①西… Ⅱ．①兰… Ⅲ．①成功心理—通俗读物 Ⅳ．①B848.4-49

中国版本图书馆CIP数据核字（2013）第087323号

责任编辑：闫　星　　责任校对：高　涵　　责任印制：储志伟

中国纺织出版社出版发行
地址：北京市朝阳区百子湾东里A407号楼　邮政编码：100124
销售电话：010—67004422　　传真：010—87155801
http://www.c-textilep.com
中国纺织出版社天猫旗舰店
官方微博 http://weibo.com/2119887771
天津千鹤文化传播有限公司印刷　各地新华书店经销
2022年6月第1版第1次印刷
开本：710×1000　1/16　印张：12
字数：118千字　定价：49.80元

凡购本书，如有缺页、倒页、脱页，由本社图书营销中心调换

[序言]

"美国的大部分历史是由我们所培养出来的人才创造的。"这是西点军校流传的一句豪言,到底是什么使西点人如此骄傲呢?

西点军校坐落于距离纽约市约90千米的哈德逊河西岸橙县的西点镇,它建立于1802年3月16日,一直被称为美国陆军军官的摇篮。许多美军名将,如罗伯特·李、潘兴、巴顿、麦克阿瑟、布莱德雷等3700多名将军均是该校的毕业生;美国第3任总统杰斐逊、第18任总统格兰特、第34任总统艾森豪威尔也都是从西点出发,走向顶峰的;还有更多的人成为美国的政治家、教育家和科学家。同时,西点军校更是造就商界领袖的摇篮。第二次世界大战后,在世界500强企业里,西点培养出来的董事长有1000多名,副董事长有2000多名,其他各类高级管理人才超过5000名。因此,西点军校堪称美国最优秀的"商学院"。

西点军校的成绩如此厉害,它们是如何做到的呢?缘于西点军校所拥有的一套独属于自己的行为准则和训练体系。

西点军校对学生的要求非常严格,最基本的就是要做到:准时、守纪、严格、正直、刚毅。正是这种理念,培养了一代又一代真正的男人,他们带着无所畏惧的心态、冲破任何阻力的力量,走出了西点,走向了各行各业的巅峰,取得了令世人瞩目的成绩。

"没有任何借口"是美国西点军校200多年来奉行的最重要的行为准则,是西点军校传授给每一位新生的第一个理念。同时,西点要求学员必须具有良好的个人品德和刚毅的品质。西点人永远要有超出众人之外的、敢于力争第一的心态。在成功之前,懂得必须以高于普通人的眼光来看待自己。西点的精神不允许人懈怠,它召唤每个人向更高层次的方向去努力、去进取。

当然,西点还有极其具体详细的校训军规,这些都是一个成功者需要具备

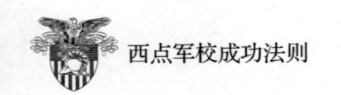

的品质。这个世界永远不缺乏成功的机会，而是缺乏具有成功品质的人，一个人在最平庸的时候，想要获取成功就必然要从优秀者身上汲取营养，而西点军校和西点人身上的营养，都值得我们用心汲取。

本书以西点理念为出发点，结合西点的经典事例进行阐述，从14个方面为读者揭示了西点人的制胜法则，如执行、方法、责任、目标、思维、挑战、机遇等。旨在帮助我们以西点人为榜样，不断进取，完善自我，最终创造属于自己的辉煌。

编著者
2021年7月

[目录]

第01章　认清自身实力，懂得借力行事　‖ 001

　　勇于向自己的弱点开炮　‖ 002

　　把竞争对手当作生活的一面镜子　‖ 004

　　站在巨人的肩膀上寻找超越的机会　‖ 007

　　发现别人的优点，以补充自己的能量　‖ 009

　　唯有善于与人合作，才能获取最大的力量　‖ 011

第02章　不找任何借口，对自己的一切行为负责　‖ 015

　　要成功就不要有借口　‖ 016

　　如果你想成功，就要立即行动起来　‖ 019

　　别人能做到的，你也一定能做到　‖ 021

　　思想影响态度，态度影响行动　‖ 024

第03章　积极动脑，善于改变思路的人总能赢得机遇　‖ 027

　　思路绝不能被条件钳制住　‖ 028

　　用巧妙灵活的思路解决难题　‖ 030

　　不断变换看问题的角度　‖ 033

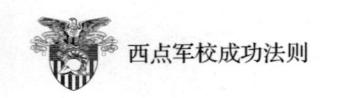

善于变通思维，就能找到解决问题的好办法 ‖ 035

第04章　主动迎接挑战，成功的捷径之一就是要敢于冒险 ‖ 039

勇敢的人面前才有路 ‖ 040

无畏是灵魂的一种杰出力量 ‖ 042

胆商都是一种重要的素养 ‖ 045

有意识地与自身的恐惧做斗争 ‖ 048

第05章　敢于力争第一，始终不渝地竭尽全力 ‖ 051

即使你是第一，也永远可以做得更好 ‖ 052

心存改进的意愿，勇攀成功的巅峰 ‖ 054

只要竭尽全力，总会有人为你喝彩 ‖ 057

永远向着更高的目标前进 ‖ 059

第06章　困难磨炼人生，每种逆境都含有等量利益的种子 ‖ 063

逆境是助你前行的智慧之手 ‖ 064

苦难之于人生，不是毁坏而是造就 ‖ 066

平静的湖面练不出精悍的水手 ‖ 069

绝境是你改变命运的好机会 ‖ 072

第07章　生而为人有原则，恪守诚信好品格 ‖ 077

你应具有强烈的原则意识 ‖ 078

品格比金钱、权势更有价值 ‖081

诚实是生活美好的长久之策 ‖084

证明自己最好的方式就是去承担责任 ‖086

第08章　做好把握住机会的准备，并且能够抢占先机 ‖091

聪明地斟酌，果断地决定 ‖092

当机会来临的时候，立即行动 ‖094

善于创造机遇，更善于抓住机遇 ‖097

自主地调整心态、面对一切挑战 ‖100

第09章　踏实地累积实力，有耐心的人才能等到成功的到来 ‖105

以低姿态进入，悄然前行 ‖106

忍耐是另一种意义上的坚强 ‖108

稳扎稳打积累实力 ‖111

主动后退一步，赢取更多机遇和时间 ‖114

第10章　头脑的力量是无穷的，有谋比有勇更重要 ‖119

思维是行动的先导 ‖120

谁善于思考，谁就占得先机 ‖121

出其不意更容易取得胜利 ‖124

你的思想决定了你的一切 ‖126

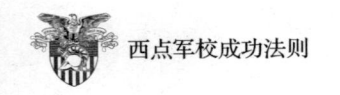

第11章　敢于打破常规，千万别被过去的经验所限制 ‖ 129

　　千万别陷入固有的思维模式里去　‖ 130

　　将知识转化为现实的生产力　‖ 132

　　努力改变你沉于常规的思维方式　‖ 135

　　从常规中走出来，从世俗中走出来　‖ 137

第12章　拥有宽容之心，你的人生境界将更加开阔 ‖ 141

　　宽容他人也是对自己的一种恩赐　‖ 142

　　用宽容和体谅赢得信任和尊重　‖ 144

　　用谅解的态度去对待人和事　‖ 147

　　你的胸怀能容下多少人，就能赢得多少人　‖ 149

第13章　可以被打败，但不可以被打倒 ‖ 153

　　有意识地培养坚韧不拔的精神　‖ 154

　　没有什么比坚持不懈、不断进取对成功的意义更大　‖ 156

　　希望是引爆生命潜能的导火索　‖ 159

　　不向失败低头示弱　‖ 161

　　想办法从失败中找回胜利　‖ 164

第14章　努力地探寻出路，有勇气去做别人不敢做的事情 ‖ 169

　　勇气和胆识是在屡战屡败中锻炼出来的　‖ 170

　　不敢尝试才是最大的失败　‖ 172

退路就是在为不成功找借口 ‖ 176

你所做的决定决定了你的未来 ‖ 179

参考文献 ‖ 181

第 01 章

认清自身实力,懂得借力行事

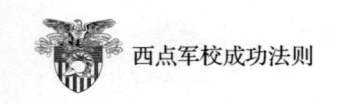

勇于向自己的弱点开炮

　　为了不断地提升自己，就要勇于找出自己的弱点，并进行批评与反思，这是西点军校历来倡导的优良传统。在实际的训练和学习中，学员们也是这么做的，勇于向自己的弱点开炮，深刻剖析自己的弱点。通过在西点军校的学习与生活，学员们在批评与反思中完善了自己，也大大提高了自身的团队精神和战斗力。

　　将自己贬到最低点，而后再重塑一个全新的自己。西点新学员开始学习管理技巧之前，西点军校会先让他们知道自己所不懂的地方。他们必须将自己变成一张纯净的白纸，从零开始。因为从此刻起，对于他们来说，唯一重要的事就是他们所不懂、不知道的事情。

　　做人最基本的准则，就是要有自知之明。你应该清楚，在自己擅长的背后还隐藏着哪些弱点，然后尽力将其改正和弥补。无论人家怎样夸奖你，你都要明白，你还远不是个尽善尽美的人。你要懂得，人们赞扬你，多半是希望你做得更好。如果你不再进行自我锻炼和自我教育，那就是一种自高自大的表现。骄傲是人类的宿敌，如果不战胜它，就会毁了我们自己。

　　阿里曾是人类历史上最伟大的拳击运动员。在18年的运动生涯中，他一共打了61场比赛，创造了56胜5负的惊人纪录，其中有37场是击倒对手。面对阿里匪夷所思的赫赫战绩，人们实在想不出比"超人"更恰当的词汇来称颂他。在一片赞美声中，阿里也曾经飘飘然过，以为自己真的是不同凡响的超人，幸好，有一位空姐，及时给他注射了一针"清醒剂"。

　　有一次，阿里乘坐一架芝加哥飞往拉斯维加斯的航班。飞机起飞时，空姐要求每位乘客系好自己的安全带。阿里自恃自己的特殊名望，并没有马上按照空姐的要求去做。空姐见状，便来到阿里的身边，再次要求他系好安全带。阿里有些自负地说道："超人是不需要系安全带的。"这位空姐平静地微笑着对阿里说了一句足以让他清醒的话："超人用得着坐飞机吗？"阿里愣了一下，乖乖地系好了自己的安全带。从此，阿里不再以超人自居，他知道，一个人，无论怎样杰出和卓越，他都不是无所不能的超人。

现实中，人最不了解的便是自己。想要更好地了解自己，首先就要学会敢于不如人。敢于不如人实际上就是敢于承认自己的不足，这是一种期待成长的过程及勇气。其实，从另一个角度来说，敢于不如人也是某种程度上的自信。天外有天，楼外有楼，一个人怎能时时处处胜过所有的人呢？每个人都有自己的优势，也都有自己的缺点，只有扬长避短才能算机智。

闻一多说过："我们不怕承认自身的'弱'，越知道自身弱在哪里，越好在各人自己的岗位上来尽力加强它。"虚怀若谷的人，不会被头上各色各样的光环所蒙蔽。他清楚自己的长处与弱点，失败与成就。他能虚心接受不同的意见，更能以宽广的胸怀接受他人的批评，甚至为批评自己的人鼓掌。只有承认自己某些方面不行，才能扬长避短，才能不因嫉妒之火而吞灭心中的灵光。

德怀特·艾森豪威尔是格兰特总统之后第二位西点军校毕业的总统。艾森豪威尔在具体战役指挥上可能不如巴顿、蒙哥马利，但在协调各方面关系上极具才能。他以坚定、镇静而又平等待人的态度赢得了广泛的信赖和支持。他还善于发现人才，所以蒙哥马利、巴顿、范佛里特等一大批名将，都能为他所用。

每当美国总统艾森豪威尔即将执行一个计划时，他总会把那个计划拿给他的最善于吹毛求疵的批评家去审查。他的批评家们经常会将他的计划指责得一无是处，并且告诉他该计划为什么不可行。有人问他，为什么要浪费时间将计划给一群批评家们看，而不把计划拿给那些赞同他观点的谋士看。艾森豪威尔则回答说："因为我的批评家们会帮助我找到计划中的致命弱点，这样，我就可以把它们纠正过来。"

追求成功的西点人，总会尽力寻求对自己的现状不满意的地方，以发现自己的缺点，并加以改进。人会有各种潜能与优势，但你不可能在所有地方都有

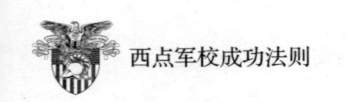

机会发挥出来，你只能在一个地方用足你的力气。在你没有用力气的地方，在你无暇顾及的地方，你必然不如那些在这地方用足力气的人。你的精力有限，机遇也有限，因此，你能如人的地方会很少，而不如人的地方会很多。

要想取得成功，不但要有不断学习新知识的渴望，还必须有敢于承认不足的勇气，之后正确地评估自己的目标和能力，然后模仿、运用、调适。只有敢于不如人，才能最后胜于人。

★ 西点训条

想要更好地了解自己，首先就要学会敢于不如人。敢于不如人是一种期待成长的过程及勇气。只有敢于不如人，才能最后胜于人。

把竞争对手当作生活的一面镜子

在今天这个竞争日趋激烈的社会里，到处都有自己的竞争对手。这些对手可能是自己的敌人，也可能是自己的朋友或同事。在与对手竞争的过程中，采用什么样的态度，对于想要成功的人而言非常重要。

西点军校毕业的佼佼者，统帅北方军的尤利塞斯·格兰特将军和领军南方部队的罗伯特·李将军，这两位昔日的同窗校友因各为其主而成为战场上的对手。结果，格兰特技高一筹，最终迫使罗伯特·李俯首称臣。然而，格兰特一生最敬重的人却是他的对手罗伯特·李，并且他曾多次在公开场合称赞罗伯特·李。

奥地利作家卡夫卡说："真正的对手会灌输给你大量的勇气。"善待你的对手，方尽显品格的力量和生存的智慧。要把竞争对手当作生活的一面镜子，从尊重和欣赏的角度出发，学习对方的长处。

有了对手，你能更及时、更深刻地发现自己的不足，从而使自己更趋完美，达到意想不到的效果。一种动物如果没有对手，就会变得死气沉沉。同样，一个人如果没有对手，那他就会甘于平庸，养成惰性，最终导致庸碌无为。一个群体如果没有对手，就会因为相互的依赖和潜移默化而丧失活力，丧失生机。一个行业如果没有了对手，就会丧失进取的意志，就会因安于现状而逐渐走向衰亡。1902年西点军校毕业生、曾任校长的道格拉斯·麦克阿瑟将军曾说："为了更好地解决问题，你不仅需要助手，也需要对手。"

海湾战争之后，一种M1A2型坦克开始陆续装备美陆军，这种坦克的防护装甲是目前世界上最坚固的，它可以承受时速超过4500千米、单位破坏力超过135万千克的打击力量。

M1A2型坦克的研制者乔治·巴顿中校是美国陆军最优秀的坦克防护装甲专家之一，他接受研制M1A2型坦克装甲的任务后，立即找来了毕业于麻省理工学院的著名破坏力专家迈克·马茨工程师。两人各带一个研究小组开始工作。巴顿带的是研制小组，负责研制防护装甲；迈克·马茨带的则是破坏小组，专门负责摧毁巴顿已研制出来的防护装甲。

刚开始的时候，马茨总是能轻而易举地将巴顿研制的新型装甲炸个稀巴烂。但随着时间的推移，巴顿一次次地更换材料、修改设计方案，终于有一天，马茨使尽浑身解数也未能奏效。于是，世界上最坚固的坦克在这种近乎疯狂的"破坏"与"反破坏"试验中诞生了，巴顿与马茨也因此同时荣获了紫心勋章。

事后，巴顿中校说："事实上，问题是不可怕的，可怕的是不知道问题出在哪里，于是我们英明地决定'请'马茨做欢喜冤家，尽可能地激将他帮我们找到问题，从而更好地解决问题，这方面他真是很棒，帮了我们大忙。"

可见，有了对手，才有危机感，才会有竞争力。一个人能取得多大的成绩，很大程度上，取决于有什么样的对手。个人或企业能够发展壮大，应该感谢对手时时施加的压力。正是把这些压力化为想方设法战胜困难的动力，才能进而在残酷的市场竞争中，争得一席之地。

20世纪的希腊船王奥纳西斯16岁时仍一贫如洗，到24岁时却已身价过亿。短短8年时间，他靠买卖烟草发家，在商场纵横驰骋，击垮一个又一个对手，

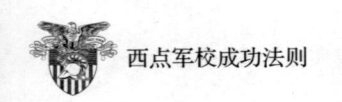

为达到目的不怕树敌,并自诩生意场上的对手比希特勒和斯大林两人的对头加起来还要多。他有一个著名的观点:"要想有成,你需要朋友;要想成功,你需要对手!"

成功需要失败来衬托,失败必然有对手作铺垫。人生如战场,职场如赛场,不要对竞争路上的对手心存畏葸,更不要企盼对手会自动减少抑或消失。要想成功,就必须不断寻找对手,不断变挑战对手的压力为取胜的动力,并为之做好精心的准备,付出百倍的努力。

反对者的存在,可让你保持清醒理智的头脑,做事更周全;可激发你接受挑战的勇气,迸发出生命的潜能。是的,成功靠朋友,持续成功靠对手。我们很难说是可口可乐成就了百事可乐,还是百事可乐成就了可口可乐,就像提到伊利不得不提到蒙牛,提到麦当劳不得不提到肯德基,提到宝马不得不提到奔驰。你的朋友中,应该有一位是递给你手帕帮你拭去泪水的人,还应有一位肯直刺过来一柄利剑迫使你奋起的人。学会珍惜你的对手,他将是你一生中最好的朋友。

当今,我们正处于一个竞争的时代,没有竞争,就没有发展;没有压力,就没有动力;没有对手,自己就难以强大。一个人要想成功,必须具备"你行我也行,你赢我也赢"的竞争意识。有了这种意识,人就不会受嫉妒的折磨,成功就会变得越来越容易。因为成功的捷径是向成功者学习,与成功者合作。假如有人胜过你,你就真诚地欣赏他,虚心地向他学习,这样就能在共同的成功中分享成果,分享快乐。

★ 西点训条

一个人能取得多大的成就,很大程度上,取决于有什么样的对手。善待你的对手,才能尽显品格的力量和生存的智慧。

站在巨人的肩膀上寻找超越的机会

西点人认为,每个人都有自己的能力所不能到达的死角,单打独斗的人永远成不了大气候。能够发现别人的才能,并能为我所用的人,就等于找到了成功的力量。聪明的人善于从别人的身上汲取智慧的营养来补充自己,从别人那里借用智慧,比从别人那里获得金钱更为划算。读过《圣经》的人都知道,摩西要算是世界上最早的教导者之一了。他懂得一个道理:一个人只要能得到其他人的帮助,就可以做成更多的事情。

西点人的榜样、美国富豪、钢铁大王安德鲁·卡耐基曾说过:"当一个人认识到借助别人的力量比独自劳作更有效益时,标志着一次质的飞跃。"谁能掌握一个时代最优秀的人才,谁就掌握了天下。没有人才的帮助,你的成功总是有限的。

卡耐基原本是一位名不见经传、对钢铁知识知之甚少的小工。他成功的奥秘就是善于发现人才,并把他们集中到自己麾下,为己所用。他曾四处网罗人才,并同五十多名专家组成智囊团。专家们为他出谋划策,解决在生产经营中出现的种种疑难问题。正是凭借人才智囊团的巨大力量,卡耐基才成为美国历史上第一个钢铁托拉斯。

明智的领导者,能做到最大限度的"人尽其用,物尽其用"。他们总是能够借助别人积累的工作经验为自己做事,以别人的经验为指引,把自己没做过的一些事情让给那些驾轻就熟的人去做,使自己从繁杂的事务中解脱出来,去筹划更大的项目。

"他山之石,可以攻玉",意思是说,可以用别的山上的石头,作砺石琢磨玉器。比喻可以借助外力服务自己,或借鉴成功人士在某一领域成功的方法、步骤为己所用。通过学习别人的经验,可以缩短自己的奋斗历程,使自己在追求成功的路上少走弯路,从而赢得宝贵的时间。实际上,历史上有许多杰出的人士都非常注重向别人学习。西点课堂上的经典人物——美国福特汽车公

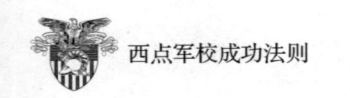

司的创始人亨利·福特也是如此。

亨利·福特是农家子弟，他从小便想制造出便捷有效的机械来代替人力、畜力。有一次，亨利·福特乘马车去底特律。途中，他生平第一次见到一辆不用马拖、自己能行走的蒸汽推动的车子。趁着这辆蒸汽车停下来时，福特向驾驶员问了一大堆有关性能、操作方法的问题。

带着这样强烈的创业愿望，1891年，亨利·福特进入爱迪生电灯公司工作，仍致力于设计自己的"自动马车"；1896年，他的愿望实现了；1899年，亨利·福特成功地制造了3辆汽车，被公认为这一领域的先驱。

1908年，亨利·福特决定聘请管理专家沃尔·弗兰德斯进厂，并允诺，如果弗兰德斯能在12个月内生产出1万辆车，就给他2万美元奖金。最后，1万辆车的年度生产目标提前实现了，此时弗兰德斯虽然另创自己的公司去了，但亨利·福特却从他那里学到了大规模生产所需的技术管理知识。

1913年，亨利·福特决定把技术员艾夫利和威廉·克朗在发动机主轴上使用的"运动中的组装法"推广到总装配线上，此举获得成功，从此大批量流水线生产方式产生了。一时间，亨利·福特成为美国人心目中的"民族英雄"。

可见，一个好的创意的产生与实施，创业者光靠自身的力量和努力是不够的，必须集思广益，在自己周围聚拢起一批专家，让他们各显其能、各尽其才。毕加索说过："优秀的艺术家靠借，伟大的艺术家靠偷。"这句话阐明了一个道理，不管你做什么事情，要想快捷成功，都需要学习或借鉴前人的成功经验。成功人士都是这样走过来的，碰到难以解决的问题，从同行的成功者过去的经验那里寻找突破口。花旗银行亚洲区主席梁伯韬说过："民营经济和中小企业要总结前人的经验，我希望在中国出现更多的李嘉诚。"

成功者大都是善于借用别人之"力"，巧借别人之"智"的高手。他们懂得：虽然做任何事情都不可能一步登天，需一步一个脚印，但是，取得成功的办法却多种多样，只要办法得当，便可快捷省力。巧于"借力"，精于"借智"，是成功的一大诀窍。比尔·盖茨在华盛顿大学商学院的演讲中曾对学生建议："我不认为你们有必要在创业阶段开办自己的公司。为一家公司工作并学习他们如何做事，会令你受益匪浅。"巧妙地借助外力，能迅速壮大自己的能量，让自己找到更广阔的生存空间，抓住更宝贵的发展机遇，从而由弱变强，步步高升。

万事都要巧借力，没有一个人能够独自成功。让更多的人帮助你成功，这是一种高效的社会智慧。若想工作有所收获，事业有所突破，就必须借助行业中最优秀者的力量，站在这些巨人的肩膀上寻找超越的机会。

西点训条

没有一个人能够独自成功。若想事业有所突破，就必须借助行业中最优秀者的力量，站在这些巨人的肩膀上寻找超越的机会。

发现别人的优点，以补充自己的能量

西点军校要求每位新学员都要学会发现和欣赏他人身上的特质，这样才能成为正直、谦逊、热情有礼的军人。每个优秀的西点学员都知道，只有在团队中，自己才能最大限度地实现个人价值。认识自己的不足，善于看到别人的长处，是具有良好的团队精神的基础。

每一位西点学员在接受训练时，教官们总是强调说，在一个团队中，每个成员的优缺点都不尽相同，你应该去寻找团队成员中积极的品质，并且学习它，让自己的缺点和消极品质在团队合作中被消灭。军火大王亨利·杜邦是西点的毕业生，也是工商界的亿万富翁，在谈到自己的成功经验时，杜邦深有感触地说："其实，这个世界上没有什么人能真正有过人之处，我的成功在很大程度上得益于我在西点接受的教育，它使我形成了积极的世界观。"的确，杜邦不但把自己的闪光点发挥得恰到好处，而且特别善于利用下属的优点。

看到他人的缺点很容易，但是只有当你能够从他人身上看到优秀的品质，并由衷地欣赏他们的成就时，你才能真正赢得友谊和赞赏。西点人认为，每个

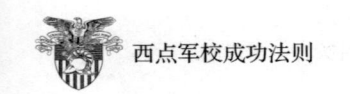

人都是相当复杂的综合体，融合了好与坏的感情、情绪和思想。你对他人的想象，往往奠基于自己对他人的期望之中。西点军人知道，必须学会去欣赏别人，发现别人的优点，以补充自己的能量。

事实上，每个人都有自己的优点和缺点，苛求别人的完美是不应该的。"水至清则无鱼，人至察则无徒"，说的就是这个道理。包容别人的缺点，经常会得到意想不到的效果。因此，要做到包容，就要学会用"计算机窗口"功能，看他人优点时最好使用"最大化"，看缺点时和无关要紧的事最好使用"最小化"。如果团队的每位成员都去积极寻找其他成员的积极品质，那么团队的协作就会变得很顺畅，任务完成的效率就会提高。这是西点人获得成功的一项至关重要的因素。

两度当选为美国总统的林肯，虽然出身贫寒，但面对态度傲慢、自恃上流社会的所谓"优越的人"的嘲讽，他凭借自己的智慧与宽容，捍卫了尊严，赢得了大家的信任和爱戴。在南北战争期间，林肯的包容起到了非凡的作用。有人向总统举荐了很有军事才能的格兰特，但是整个国会对此都持反对意见。他们指责说："格兰特嗜酒如命，脾气暴躁，根本就不适合领导军队。"林肯却力排众议说："世界上没有十全十美的人，我们应当看到一个人的长处，而不应当只盯着他的短处。格兰特将军英勇善战，这正是当前我们所需要的呀。"在林肯的坚持下，格兰特临危受命，指挥士兵迎战南方军队。果然他以出众的军事才能，指挥军队很快扭转了局面，将南方军队打得大败，从而取得了南北战争的胜利。

人无完人。一般看来，越是在一个方面有突出才能的人，在另一个方面的缺点也往往越明显。人的短处是客观存在的，容不得别人的短处势必难以成事。"用人之长"是一切明智者的共识，但"用人之短"却未必能为人所了解。对于短处，许多人的态度只是"容忍"，而不是去利用。是"容忍"还是"利用"，其结果是截然不同的。

西点军校的教官们深信，一个人如果是优秀的，你就会从他身上找到好的人格品质；如果你不这样认为，就无法发现他人身上潜在的优点；如果你本身的心态是积极的，就容易发现他人积极的一面。当你不断提高自己，别忘了培养欣赏和赞美他人的习惯，认识和发掘他人身上的优秀特质。

美国柯达公司在生产照相感光材料时，需要工人在没有光线的暗室里操作，因此培训一名熟练工人需要花很长一段时间。但公司发现，盲人可以在暗室里活动自如，只要稍加培训就能上岗，而且他们的活儿要比正常人精细得多。于是，柯达公司从此大量招用盲人从事感光材料的制作。

在深圳的一家涂料公司，公司对全体员工进行了性格测评，但公司不是根据优点来安排工作，而是按每个人的短处来安排工作。譬如，让爱吹毛求疵的人当质检员，让争强好胜的人去抓生产，让好出风头的人去搞市场公关，让斤斤计较的人去管仓库等。

一个人的短处是可怕的，仅靠"容忍"是远远不够的，因为"短处"是工作中潜在的炸弹。其实，最明智的办法就是合理利用"短处"，并巧妙地将"短处"化为"长处"，这样才有可能最大限度地减少它的危害，"容人之长，用人之短"，可以保证人尽其才。

西点训条

善于看到别人的长处，是具有良好团队精神的基础。学会欣赏别人的长处，包容别人的短处，你就会接近成功。

唯有善于与人合作，才能获取最大的力量

西点人十分注重相互合作，他们深知只有合作才能发展，单纯依靠个人自身的力量是不能够真正强大起来的。西点学员、西尔斯公司的第三代管理者罗伯特·伍德说："不论再强大的士兵都无法战胜敌人的围剿，但我们联合起来就可以战胜一切困难，就像行军蚁（美洲的一种食人蚂蚁）一样把阻挡在眼前的一切障碍消灭掉。"

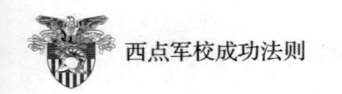

在西点，教员们都会对新学员进行这方面的教育，使他们懂得：一个人的能力是有限的，当一项工作或任务远远超出个人能力范围时，进行团队协作就势在必行。西点军人的团队不仅能够完善和扩大个人的能力，还能够帮助成员加强相互间的理解和沟通，把团队任务内化为自己的任务，真正做团队工作的主人，这样的团队会战胜一切困难，赢得最终的胜利。而作为这样的团队成员也会在团队协作这个过程中迅速地成长起来。

西点军校有个说法叫"你得合作，才能毕业"。比如，有些学员文化成绩很好，运动成绩却不行，有些人恰好相反。所以他们就把这两种人组合起来，让他们互相帮助，共同毕业。西点在实际的工作环境中，尽量模拟学员将来在战场上可能经历的情境，培养他们的团队精神和默契。在西点军校巴克纳野战营，有一个活动，是把学员分成每组35人左右的几个小组，大约是一排的规模，让各组在几个小时之内完成组合桥梁的任务。这是非得靠团队合作才能完成的任务，这种组合桥，每一块桥面和梁柱都有几百公斤重，光是要抬起一块桥面，就需要一群人的力量。

西点通过训练，让每一位学员在训练中体验到团结的力量有多大。这种在实际行动中所亲自体验到的团队力量，比长篇大论分析团队合作如何增强个人的力量要管用得多。具有团队精神的集体，可以达到个人无法独立完成的成就。

一个人的能力是有限的，只有善于与人合作的人，才能够弥补自己能力的不足，达到自己原本达不到的目的。比如，一个医术高明的外科医生，必须有几个好助手或技术熟练的护士配合，才能完成高难度的手术。所以，一个人如果缺乏与他人合作的精神与能力，他不仅在事业上不会有所建树，甚至连适应社会都会感到困难。

能力有限是我们每一个人的问题。只要有心与人合作，善假于物，那就有可能避免这个缺陷。如果能取人之长、补己之短，而且能互惠互利，那么合作的双方都能从中受益。通过别人实现自己的愿望是一种智慧，虽然不可能每个人都达到这一点，但每个人都可以与他人合作，携手做出更大的事业。

没有哪个组织能比西点军校更加强调队员自力更生的能力，也没有哪个组织比西点军校更加重视团队精神。这种表面上的矛盾很容易理解：每一位西点队员首先必须尽可能地足智多谋，才能为自己的团队出谋划策，而不是依赖团队。西点人从不将自己禁锢于一个狭小的圈子里。西点人深知，具有独立个性的人，必须融入群体中去，才能促进自身发展。要想具有团队精神，就离不开对团队的归属感。强烈的归属感可以改变一支弱小队伍的气势，并造就出非凡的将军。

21世纪是一个合作的时代，合作已成为人类生存的手段。因为科学知识向纵深方向发展，社会分工越来越精细，人们不可能再成为百科全书式的人物，每个人都要借助他人的智慧完成自己人生的超越，于是这个世界充满了竞争与挑战，也充满了合作与快乐。合作具有无限的潜力，因为它集结的是大家的智慧和力量。

哲学家威廉·詹姆士曾说："如果你能够使别人乐意和你合作，不论做任何事情，你都可以无往不胜。"在一个团队中，只有每个成员都最大限度地发挥自己的潜力，并在共同目标的基础上协调一致，才能发挥团队的整体威力。唯有善于与人合作，才能获得更大的力量，争取更大的成功。

西点训条

一个人的能力是有限的，只有善于与人合作，才能够弥补自己能力的不足，进而获得更大的力量，争取更大的成功。

第 02 章

不找任何借口，对自己的一切行为负责

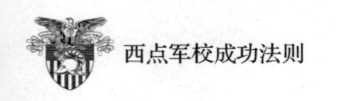

要成功就不要有借口

"没有任何借口"是美国西点军校两百多年来奉行的最重要的行为准则，是西点军校传授给每一位新生的第一个理念。它强调的是，学员要想尽一切办法完成任何一项任务，而不是为没有完成任务去找借口，哪怕看似合理的借口。它让每一个学员懂得：工作中是没有任何借口的，失败是没有任何借口的，人生也没有任何借口。其核心是敬业、责任、服从、诚实。这也是众多著名企业建立杰出团队、提升企业凝聚力的最重要的准则。

"没有任何借口"看起来似乎很绝对、很不公平，但西点就是要让学员明白：无论遭遇什么样的环境，都必须学会对自己的一切行为负责！学员日后肩负的是自己和其他人的生死存亡乃至整个国家的安全。在生死关头，你还能到哪里去寻找借口？

一位西点军校的教官在给一批新学员介绍学校艰苦的生活和训练情况时一本正经地说："军校的学员一天要练25个小时。"

一个新学员嘀咕说："但是一天只有24个小时呀！教官。"

教官理直气壮地解释说："不要找任何借口！不要忘了，我们可以每天提前一小时起床！"

西点军校告诉它的学员："没有办法"或"不可能"是庸人和懒人的托词。很多年轻人，总是牢骚满腹，总是寻找种种借口拒绝完成任务或为自己开脱。但是，西点的精英们会想尽办法去完成任何一项任务，而不是为没有完成任务寻找借口，哪怕是合理的借口。

普列是一名普通的工程连的士兵，他在服役期间干的是驾驶挂车的工作。一天，普列接到上级的命令，让他们放下正在进行的工作，把所有人员和设备转移到距现在工作地点30千米以外去修建一座被损坏的大桥，以便能尽快地恢复粮食和其他供应。

而就在要转移的时候，普列发现他的挂车又出现了故障，挂车的刹车彻底坏了。于是，他迅速把这一情况报告给哈里中尉。得知这一情况的哈里中尉双眉紧锁。他知道，眼下根本没有修好挂车的可能，而且挂车还必须转移，否则那辆重达40多吨的挖土机也没法转移。

普列知道，哈里中尉找不到其他办法，他看了看中尉说："长官，我可以试一下用引擎减速，但如果这样的话，到了那里以后，这辆车就彻底报废了。"普列的话没有说完，哈里中尉已知道他的意思，如果真那样做的话，那就是要让普列用生命的代价去换取这次任务的成功。

队伍开始出发了，普列一路上都心惊肉跳，因为他可能一不小心就会葬身山涧。30多千米的泥泞山路终于走完了，那辆挂车确实报废了，但普列还活着，而且推土机也完好如初。来不及回顾这段路程的艰险，他们就又开始了新的工作，很快他们就修好了那座大桥，高地的粮食和其他供应也得到了及时的恢复。

借口会让你一辈子与成功无缘，如果你想成功的话，就必须停止抱怨，把注意力放在解决问题上面，而你只需要给自己的成功找一个理由就够了。

在生活中，只要细心去找，借口总会有的。借口成了一面挡箭牌，某件事一旦办砸了，就能找出一些冠冕堂皇的借口，以换得他人的理解和原谅。找到借口的好处是能把自己的过失掩盖住，把自己应该承担的责任推卸掉，心理上得到暂时的平衡。但是，长此以往则有害而无益。借口给人带来的严重危害是让人消极颓废，如果你一旦养成了寻找借口的习惯，当遇到困难和挫折时，你就不会积极地去想办法克服，而是去找各种各样的借口。其潜台词就是"我不行""我不可能"，这种消极心态剥夺了个人成功的机会，最终会让你一事无成。

战场上不需要借口，人生的路上也不需要借口，任何的借口都只是自欺欺人而已。工作无借口，失败无借口，成功只属于那些勇往直前且没有任何借口

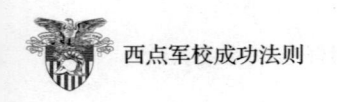

的人!

比尔·盖茨曾经说:"为失败找借口的人是懦夫!"为了战胜对手,微软曾两度企图进军小巧的掌上计算机市场,却都功败垂成。但善于在失败中寻找取胜方法的比尔·盖茨,于1998年又率领他的伙伴们挟着手掌大小的个人计算机,重返市场。

微软为什么能发展壮大到今天,且在世界上夺得了霸主的地位?那是因为在微软,允许你失败。比尔·盖茨这样说:"失败属于意料之中的事,通向成功的大道上不可能不伴随着失败。聪明的人不是为失败找借口,而是认真寻找失败的原因。"

其实,失败的结果是试图去尝试其他可能。在许多情况下,你能够找到足以奏效的另一种方法、另一套系统、另一种解决方案。迅速失败意味着迅速找到另一条成功之路,而不是对项目的完全否定。

优秀的人从不在工作中寻找任何借口。因为他们知道,寻找借口的恶习一旦养成,失败也就接踵而来。杰出人士与平庸之辈最根本的差别,并不在于天赋,也不在于机遇,而在于是否具有成功的态度。这种态度就是失败了不找借口,反躬自省,从自己身上找原因。

成功者找方法,失败者找借口;要成功就不要有借口,要借口就难以成功。正如波兰科学家居里夫人所说:"失败者总是找借口,成功者永远找方法。"抛弃找借口的习惯,你就会在工作中学会大量的解决问题的技巧,这样借口就会离你越来越远,而成功会离你越来越近。

★ 西点训条

借口会让你一辈子与成功无缘。抛弃找借口的习惯,你就会在工作中学会大量的解决问题的技巧,这样成功就会不请自来。

如果你想成功，就要立即行动起来

西点十分强调行动的作用。停留在想法的阶段永远不可能有所成就，只有立即行动才能获得成功。"一切用行动说话"是西点的一条评价准则，它告诉我们：仅仅只有理想是不够的，理想必须付诸行动，如果没有行动，那理想永远只是空中楼阁，所以做空想家不如做一个追求实际行动的人。1973年，布莱德利获得塞耶奖时发表演讲，就反复要求西点学员要学会实在地行动，绝不迟到，绝不拖延。

在西点的游泳救生训练中，有一个学员们都害怕的动作：穿着军服、背着背包和步枪，从近10米的高台上跳下游泳池，然后在水中解开背包，脱掉皮鞋和上衣，把这些东西绑在临时的浮板上。

尽管每一个动作，学员们事前都反复演练过，但是真到了要往下跳的那一刻，大部分学员还是会迟疑，走到跳板尽头之后就会停下来。当然，退缩是绝不允许的，否则将被勒令退学。所以，尽管犹豫，学员们最终还是行动起来，纵身一跃。相信这成功一跃之后的兴奋之情是无法言喻的。行动产生了信心，行动才有一切。

西点军校要求学员必须今日事今日毕，绝不能将任何事情拖延到第二天。虽然西点军校为学生提供了相当好的环境，但在这个环境中，学员并不是想干什么就可以干什么，他们必须在规定的时间里尽最大努力干完规定的事。是的，不开始行动，总是拖延，成功就是零，甚至永远也不会取得成就。一味地拖延时间，只会丧失主动的进取心，我们要靠的是行动，而不是没有价值的拖延。

立即行动，而不是寻找任何的借口逃避，这样的人才能最终赢得胜利女神的垂青。洛克菲勒曾说："不要等待奇迹发生才开始实践你的梦想，今天就开始行动！"行动是成功的保证，只有行动才会产生结果。在任何一个领域里，不努力去行动的人，就不会获得成功。世上没有任何事情比下决心、立即行动

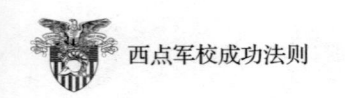

更为重要，更有效果。因为人的一生，可以有所作为的时机只有一次，那就是现在。

在1921年，当电报机发明成功25年之时，《纽约时报》有一篇文章谈到了电报对信息传播的重大作用。有十几个人，就从这报道中得到了启发。他们想，如果创办一份文摘刊物，让读者从大量的信息中获得自己需要的信息，肯定会受到欢迎。但当他们申请邮局发行时，得到的答复是因为还从没有过这类刊物，目前条件还不成熟，还要等一等。于是，绝大多数申办者就只好等等再说。

这十几人中有一位叫华莱士的青年却毫不犹豫，他想：你邮局不发行，我可以自办发行呀，他没有等待，而是将订单装入2000个信封中，从邮局发往各地。

就这样，这位青年创办了世界上很少有的文摘刊物，并一下子拥有了不少的读者，而且市场越来越广阔，这就是有名的《读者文摘》。到了2002年，这本刊物已成为世界性的刊物。它用19种文字出版，发行到127个国家，收入达5亿多美元。

说一尺不如行一寸。只有行动才能缩短自己与目标之间的距离，只有行动才能把理想变为现实。行动是治愈恐惧的良药，而犹豫、拖延将不断滋养恐惧。成功的人都把少说话、多做事奉为行动的准则，通过脚踏实地的行动，达成内心的愿望。

西点将军布莱德利说："习惯性拖延的人常常也是制造诸多借口与托词的专家。如果你存心拖延、逃避，你自己就会找出成千上万个理由来辩解为什么不能够把事情完成。"如果你的长官命令你从没有桥的地方过河，你不要说自己无法做到。从没有桥的地方过河有两种方式：一是游泳，二是乘船。但往往现实是这样的：你既没有船，也不会游泳。但你必须行动，从没有桥的地方过去。

我们每个人或多或少都存在着"拖延"这一不良习惯。拖延是一种危害人成功与发展的恶习，是可怕的精神腐蚀剂。试想一下，你如果拖延了一件事，那必定就占用了之后处理其他事情的时间，如此积累，你将拖延多少事，浪费多少机遇，造成多大的损失呢？不仅如此，拖延的习惯还会滋长人的惰性，一旦产生了惰性，人便会失去前进的动力。

"绝不拖延"就意味着高效率的工作，是在相应的时间处理相应的事。拖延是一种顽固的恶习，但绝不是不可改变的天性。一旦你摈弃了拖延的毛病，那你就等于成功了一半。不要等到看清楚每个问题的解决办法之后才开始干。塞缪尔·约翰逊说："如果要先搬掉所有的障碍才行动，那就什么也做不成。"成大事者会立刻抓住大好时机，迅速做出重大决定，然后马上投入行动。如果你想成功，就要立即行动起来。

人人都能下决心做大事，但只有少数人能够立即去执行他的决心，也只有这少数人才是最后的成功者。如果你有了强烈的愿望，就要积极地迈出实现它的第一步，千万不要等待或拖延，也不必等待具备所有的条件。请记住：你可以创造一些条件！

西点训条

行动是治愈恐惧的良药，而一味地犹豫、拖延将不断滋养恐惧，使你丧失主动的进取心。成功靠的是行动，而不是没有价值的拖延。

别人能做到的，你也一定能做到

"没有什么不可能"是美国西点军校传授给每一位学员的工作理念。它强化的是每一位学员应积极动脑，想尽一切办法，付出艰辛的努力去完成任何一项任务。正是这种理念，培养了一代又一代真正的男人，他们带着无所畏惧的心态、冲破任何阻力的力量，走出了西点，走向了各行各业的巅峰，取得了令世人瞩目的成绩。

在西点军校校园里，很少听到"我不行"的话。在工作、学习中，一旦上司有要求，你必须回答："我一定做到""我能行"，最起码也要回答："我执行"或"是"。西点军校教官鲁斯对学生这样说："没有办法或不可能对你没有任何好处，它只能使事情画上句号，所以请马上删除这样的想法。而总有办法对你有好处，它使事情有突破的可能，所以应该把它加入你的大脑中。"要相信自己，肯定自己，别人能做到的，你也一定能做到。只要有无限的热情，几乎没有一样事情不可能成功。

福特汽车公司的创始人亨利·福特决定生产V-8型引擎。这是一个创造性的想法，在当时，连底特律最杰出的工程师都认为这是不可能的。但亨利·福特下决心无论如何也要生产出这种引擎。他对那群一筹莫展的工程师们说："只要去做，没有什么是不可能的。"

一年很快就过去了，工程师们几乎试了所有办法，可就是无法攻破技术难关。他们找到福特再一次强调"这事根本不可能实现"。但福特并没有灰心，他命令工程师们继续去做。

半年过去了，工程师们做了成千上万次的实验，回答结果仍然是："根本行不通！"

"继续做，放心做下去。普通人看似不可能的事情最有价值可做，我不是普通人，你们也要超越普通人。"福特仍然没有放弃。

一年时间很快又过去了，工程师们还是没有任何进展。"继续做"，福特执着而坚定地说，"我就是要八缸引擎，一定要做到！无论如何要做到！"

终于，奇迹出现了，他们找到了诀窍，最终设计出了V-8型引擎。"简直太不可思议了，我们成功了！"当工程师们击掌相庆时，亨利·福特也露出了欣慰的笑容。

生活中总是有许多的"不可能"驻扎在我们心头，它无时无刻不在侵蚀着我们的意志和理想，许多本来能被我们把握的机遇也便在这"不可能"中悄然逝去。其实，这些"不可能"大多是人们的一种想象，只要能拿出勇气主动出击，那些"不可能"就会变成"可能"。

当年，迪士尼为了实现他心中的梦想，不断地呼吁去建造一个乐园，可是有非常多的人以各种理由反对他。迪士尼仍然不断地去想各种各样的方法：资金方面有问题，他竟跑了143次银行。他还积极地寻求各方面资源的支持。最后，他梦想中的迪士尼乐园，终于在美国开始兴建，到现在，已经被复制到世界各地。

很多事实证明，"不可能"的事通常是暂时的，只是人们一时还没有找到解决它们的方法。所以，当你遇到难题或困难时，永远不要让"不可能"束缚自己的手脚，有时只要再向前迈进一步，再坚持一下，也许"不可能"就会变成"可能"。而成功者之所以能成功，就是因为他们对"不可能"多了一分不肯低头的韧劲和执着。

2001年5月20日，美国一位叫乔治·赫伯特的推销员，成功地把一把斧子推销给了布什总统。布鲁金斯学会为此把刻有"最伟大推销员"的一只金靴子赠予了他。

在推销斧头之前，正值克林顿当政，当时学会给学生出的题目是：请把一条三角裤推销给克林顿总统。这个题目难倒了所有学员整整8年。基于8年前的失败与教训，许多学员垂头丧气，因为布什是一种典型的美国西部牛仔的性格：刚硬、倔强、不容易接近。但赫伯特没有轻言放弃，他相信小布什总统得克萨斯的农场肯定有需要斧头的时候。但是仅这样远远不够，必须赋予斧头一定的情感价值，才能打动布什的心。于是，他开始潜心研究布什总统的喜好，如穿衣的风格、特别的嗜好等。渐渐地，他终于准确地把握了布什的心态。

成功后，面对记者的采访，赫伯特说："我认为，把一把斧头推销给小布什总统是完全可能的，因为布什总统在得克萨斯州有一个很大的农场，里面绿树成荫。于是，我胸有成竹地给他写了一封信：'总统阁下，有一次，我有幸参观您的农场，发现里面长着许多树，有些已经死掉，我想，您一定需要一把小斧头……'然后布什总统真的给我汇了15美元。"

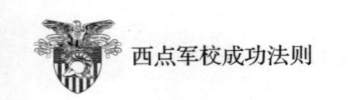

很多时候，不是有些事情难以做到，而是因为你没有信心，只要你有信心，没有什么事是不能做到的。把"不可能"从你的词典中删去吧，即使我们真的碰到了"不可能"，我们也应该这样想："不是不可能，只是暂时还没有找到解决问题的方法。"在成功者的眼里，越是不可能做成功的事，越可能成功。

工程学家乔治·格林说："不可能只存在于你的心中，只要你能超越自己的心理极限，你会发现做什么事情都会游刃有余。正是这一点成就了百年西点。"面对复杂的工作，恐惧和退缩都于事无补。无论在任何时候，你都要坚信，别人能做到的，你也能做到，甚至还比别人做得更好。

西点训条

生活中的许多"不可能"大多是人们的一种想象，只要能拿出勇气主动出击，那些"不可能"就会变成"可能"。

思想影响态度，态度影响行动

1886年西点军校毕业生、美国"铁锤将军"潘兴有一句名言："请只告诉我结果，不必做出更多的解释。"执行上级的命令，全力以赴地完成，即使牺牲自己的生命也在所不惜。这是千百年来每个军人最基本的职责。

当美西战争爆发后，美国必须立即跟西班牙的反抗军首领加西亚取得联系。加西亚在古巴丛林的山里——没有人知道确切的地点，所以无法带信给他。美国总统必须尽快地获得他的合作。怎么办呢？有人对总统说："有一个名叫罗文的人有办法找到加西亚，也只有他才能找得到。"他们把罗文找来，交给他一封写给加西亚的信。那个名叫罗文的人，拿了信，把它装进一个油纸袋里，封好，吊在胸口，3个星期之后，徒步走过一个危机四伏的国家，把那封信交给了加西亚。

无论什么工作，都需要不找任何借口去执行的人。"没有任何借口"体现的是一种负责、敬业的精神，一种服从、诚实的态度，一种完美的执行能力。我们需要的正是具备这种精神的人：他们能想尽办法去完成任务，而不是去寻找任何借口。

西点名将艾森豪威尔曾经说过这样一个故事：在第二次世界大战时期，盟军决定在诺曼底登陆。在正式登陆之前，艾森豪威尔决定在另外一个海滩先尝试一下登陆的困难。他把这个任务交给了三位部下。经过多次的讨论，那三位部下一致认为：这是一次不可能成功的行动，所以他们力劝艾森豪威尔取消这个计划。后来，艾森豪威尔把这个任务交给了希曼将军。希曼将军没有任何借口接受了这一任务。这一次战斗是极其惨烈的，盟军损失1500人，几乎全军覆灭，但是这一场战斗为后来的诺曼底登陆提供了不可多得的经验和教训，从而使诺曼底登陆一举成功。

"没有任何借口"对于当代企业最重要的理念就是其"强调执行力"的思想。不找借口之后最重要的是如何去执行。一个有执行力的军队是总能打胜仗的军队，一个有执行力的企业也应该是具有核心竞争力的企业。

在美国内战中，林肯总统曾花费三年时间寻找一位能一统南北的将军。林肯的条件是：这个人勇于行动，敢于负责，向敌人进攻，打败它们。林肯先后任用了四名总指挥官，而他们没有一个人能"100%执行命令"。最后，任务被格兰特完成。

1862年2月6日，格兰特率领17000人在海军准将富特的炮艇护送下，开始了这次历史上最富想象力的战役。惮于格兰特的勇猛，对方派人询问格兰特，如果他开城投降将给予什么条件。格兰特断然回答："没有任何条件可讲，只有立即无条件投降，否则马上下令进攻！"

当南方军队竖起白旗，15000名士兵放下武器时，格兰特收复了肯塔基州，取得了北方到那时为止的第一次重大胜利。

后来，格兰特将军做了美国总统，有一次，他到西点军校视察，一名学生问格兰特："总统先生，请问是西点的什么精神使您勇往直前？""没有任何

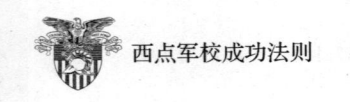

借口"。格兰特回答。

无论是一支球队、一个企业，还是一个团队或一名员工，如果没有完美的执行力，就算有再多的创造力，也可能没有什么好的成绩。在现实生活中，我们缺少的正是那种想尽办法去完成任务，而不是去寻找任何借口的人。

任何组织或个人要完成上级交付的任务，都必须具有强有力的执行力。接受了任务就意味着做出了承诺，而完成不了自己的承诺是不应该找任何借口的。可以说，没有任何借口是执行力的表现，这是一种很重要的思想，体现出一个人对自己的职责和使命的态度。思想影响态度，态度影响行动，一个不找任何借口的人，肯定是一个执行力很强的人。

喜欢足球的人可能都知道，德国国家足球队向来以作风顽强著称，因而在世界赛场上成绩斐然。德国足球成功的因素有很多，但有一点非常重要，那就是德国队队员在贯彻教练的意图、完成自己位置所担负的任务方面执行得非常得力，即使在比分落后或全队困难时也一如既往，没有任何借口。

你可以说他们死板、机械，也可以说他们没有创造力，不懂足球艺术，但成绩说明一切。至少在这一点上，作为足球运动员，他们是优秀的，因为他们身上流淌着执行力文化的特质。

对我们而言，无论做什么事情，都要记住自己的责任，无论在什么样的工作岗位上，都要对自己的工作负责。不要用任何借口来为自己开脱或搪塞，完美的执行是不需要任何借口的。不去找借口，而是积极寻找办法，才能促进个人的不断进步。

西点训条

不找借口之后，最重要的是如何去执行。一个有执行力的军队是总能打胜仗的军队，一个有执行力的企业也应该是具有核心竞争力的企业。

第03章

积极动脑，善于改变思路的人总能赢得机遇

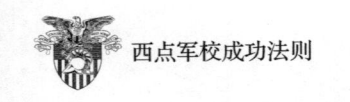

思路绝不能被条件钳制住

西点军校一直鼓励学员要"积极动脑、多方寻找方法",在课堂上经常给学员讲述这样的案例:一架飞机撞山失事了!成群的记者冲向深山,大家都希望能抢先报道失事现场的新闻,其中有一位广播电台的记者,在电视、报纸都没有任何资料的情况下,他却做了连续十几分钟的独家现场报道。

为什么这位记者能抢个头条呢?因为他未到现场之前,先请司机占据了附近唯一的电话,挂到公司,假装有事通话的样子,所以当他做好现场报道的录音,跑到电话旁边时,虽然已经有好几位记者等着,他却只是将录音机交给司机,就立刻通过电话对全国听众做了报道。

由此,我们不难看出,思路对我们的工作和生活有多么重要。在现实生活中,善于思考问题、善于改变思路的人,总能在困境中寻找到解决问题的方法,在成功无望的时候创造出奇迹。洛克菲勒说过:"遇到困难和问题,我们应该学会改变思路。思路一转变,原来那些难以解决的困难和问题,就会迎刃而解。"

思路要是不对,再有智慧也是徒劳;而好的思维,会使人生旅途充满亮光。每一种好的思维方式,都是生命历程中一盏明亮的灯,引导你顺利地走向成功的彼岸。

在日本江户时代,有一位将军要到某地进谒,可是,就在他出发的前一天突然下起暴雨,城墙塌了,大石头把路堵死了。为了除去那些大石头,当晚城主率领着大队人马赶到现场。大家用尽了所有的办法,都没能将那些大石头移动。这可急坏了城主,如果这种情形继续下去,第二天将军的车队是无法顺利前去进谒的。按照当时日本的法律,当事城主将获死罪。

这时,有位叫伊豆守的人向城主献了一计:"下雨天,石头搬不动,可以换一种方法。现在只要组织一些工人在那些大石头周围挖个坑,然后把大石头埋平就行了。"城主听后顿时大喜。于是,他立刻吩咐依计施工。第二天,将军率领车队来了,见到路面平整,非常整洁有序——车队顺利地通过了。由于任务完成得很好,城主因此得到了将军的褒奖。

聪明人可以把复杂问题简单化,不聪明的人可以把简单的问题复杂化。事实上,解决复杂问题时能够化繁为简,就体现了一种新的视角,提供了一条新思路。

埃及人想知道金字塔的高度,但由于金字塔又高又陡,测量起来非常困难,为此他们向古希腊著名哲学家泰勒斯求救,泰勒斯愉快地答应了。只见他让助手垂直立下一根标杆,不断地测量标杆影子的长度。开始时,影子很长很长,随着太阳渐渐升高,影子的长度越缩越短,终于与标杆的长度相等了。泰勒斯急忙让助手测出金字塔影子的长度,然后告诉在场的人:这就是金字塔的高度。

在现实生活中,一个人的思路往往决定了他会向哪个方向走,走多远。如果缺乏好的思路,即使他再聪明、再有抱负,也会和成功失之交臂;拥有了好的思路,就能够在迷雾中看清目标,在众多资源中发现自己的独特优势。

1916年,位于美国犹他州的小镇弗纳尔非常渴望修建一座砖砌的银行。这座银行将是小镇上的第一家银行。镇长买好了地,备好了建筑图纸,万事俱备,只差砖还没有着落。就在一切仿佛都进展顺利的时候,障碍出现了。这是一个致命的障碍,由于它,整个工程将毁于一旦:从盐湖城用火车运砖,每磅要2.5美元。这个昂贵的价格将断送掉一切——不会有足够的砖,也不会有银行了。

幸运的是,小镇里的一位商人开始以一个全新的角度来考虑这个问题。他想出了一个近乎愚蠢的主意——邮寄砖!结果是:包裹每磅1.05美元,比用火车运送便宜了一半的价钱。事实上,不仅是价格便宜了一半,所谓邮寄过来的砖和火车货运过来所用的是同一班列车!而就是这么一个货运和邮递之间的价

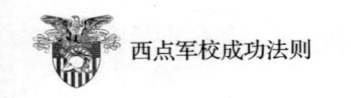

格差异使情况完全不同了。

几周之内，邮寄的包裹像洪水般涌入小镇。每个包裹7块砖，刚好可以不超重。这样，弗纳尔镇的居民很骄傲地拥有了他们的第一家银行。而且，这家银行全部是用邮寄过来的砖盖起来的。

一个人在人生的各个阶段，难免会遇到各种不如意的事，而且并不是所有的问题都有好的解决方法，可是人们可以选择不同的方法解决这些问题，就会得到不同的结果。天无绝人之路。真正聪明的人会充分开动大脑，顺着好的思维方式，走向成功的快捷之路。

在现实生活中，善于思考问题、改变思路的人总能给自己赢得机遇，在成功无望的时候创造出柳暗花明的奇迹。在工作中也是如此，你总会遇到各种条件的限制，但你的思路绝不能被钳制住，只要思路是活的，就一定能找到出路。

西点训条

在工作中，你总会遇到各种条件的限制，但你的思路绝不能被钳制住，只要思路是活的，就一定能找到出路。

用巧妙灵活的思路解决难题

西点毕业生杰夫·钱皮恩说："费很大力气而不肯动脑的人，是另一种意义上的懒汉。"

西点教官普林斯认为，人类的一切进步想必都出自懒汉们想少走几步路的良苦用心。他举例说，一百多年前，有个叫汉弗莱·波特的少年，人家雇他坐在一台讨厌的蒸汽发动机旁边，每当操纵杆敲下来，就把废蒸汽放出来。他是个懒汉，觉得这活儿太累人，于是在机器上装了几条铁丝和螺栓，这样，阀门就可以靠这些东西自动开关了。这么一来，他不但可以脱身走掉，玩个痛快，而且发动机的功率立刻提高了一倍。他懒洋洋地发现了往复式发动机活塞的原理。

人类动机研究者弗兰克·吉尔布莱恩经常把各行各业优秀工人的劳动动作拍成影片,判断一种工作最少可以用几个动作完成。他发现,最优秀的工人毫无例外地全是懒汉,他懒得连一个多余动作都不肯做。勤快一些的工人的效率要低得多,因为他不在乎把力气花在多余的动作上。

普林斯教官说,一个称职的领导人也同样懒惰,凡是能吩咐别人为他干的事,他绝不躬亲。普林斯还指出,精神的懒惰也同样促进了人类的进步。

许多重要的规则和定理都是懒汉想出来的。工作中努力是好事情,但仅努力是不够的,还要多动脑,多思考,这样才能真正做出成绩。

当亨利·福特还是少年时,他就发明了一种不必下车就能关上车门的装置。当他成为闻名于世的汽车制造商时,他仍在继续巧干。他安装了一条运输带,从而减少了工人取零件的麻烦。在此问题解决后,他又发现装配线位置有些低,工人不得不弯腰去工作,这对身体健康有极大的危害,所以他坚持把生产线提高了20厘米。这虽然只是一个简单的提高,却在很大程度上减轻了工人的工作量,提高了生产力。

西点的布莱德雷说:"不仅要达到目的,更要注意方法。"要善于观察、学习和总结,仅靠一味地苦干,只埋头拉车而不抬头看路,结果就是原地踏步,明天将仍旧重复昨天和今天的故事。在做事的过程中我们一定要学会思考,在这个剧烈变化的时代,过去一直遵循的行事方式很可能不再是指引未来行动的金科玉律,而要发现这一点,再也没有什么方法比努力思考、多提问题更好的了。

历史上,无数新发明、新创造都是如此诞生的。做任何事情,都要将"苦"与"巧"巧妙结合。人们常说:"一件事情需要三分的苦干加七分的巧干才能完美。"意思是,行事时要注重寻找解决问题的思路,用巧妙灵活的思路解决难题,胜于一味地蛮干。一个人做事,若只知下苦功夫,则易走入死胡同,若只知用巧,则难免缺乏"根基",唯有三分苦干加上七分巧干,才能轻

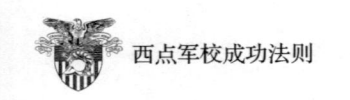

松且完美地达到自己的目标。

同样一项工作任务，有的人可以十分轻松地完成，而有的人还没有开始就时不时出现这样或那样的问题。其中的关键就在于，前者用大脑在工作，想方法去解决问题。只有在工作中主动想办法解决困难、问题的人，才能成为公司中最受欢迎的人。

日本最大的一家化妆品公司发生了一起空肥皂盒事件。这家公司接到了一份投诉，一位顾客抱怨说他买的一盒肥皂是空的。于是，这家公司立刻停止了生产线，从包装部门一直检查到销售部门，直到找出肥皂到底是在哪一环节遗失的。

经理要求工程师解决这个问题。很快，工程师设计了一个配备高分辨率监视器的X光设备，它需要两个人来监控通过生产线的肥皂盒，以保证其中没有空盒。无疑，他们很成功，但干得也很辛苦。

另一家小型化妆品公司也遇到了同样的情况，但是一名普通雇员用另一种方法解决了这个问题。他没有使用X光监视器，也没有使用其他昂贵的设备，而是买了一台大功率的工业风扇。他把风扇摆在生产线旁，装肥皂的盒子逐一在风扇前通过，只要有空盒便会被吹离生产线。

显然，工程师很努力，但是小公司雇员的方法更巧妙。什么比卖力地工作更好？巧妙地工作！比尔·盖茨常常告诫他的员工，要带着思考去工作，在工作中思考。更重要的是，利用自己所学的知识，思考并分析问题，找出产生问题的症结之所在，如实地解决出现的问题。

在工作中，勤奋当然必不可少，但要想获得成功，最大化地体现人生价值，你就要多思考，无论看到什么，都要多问为什么。不管是谁，只要养成比别人多想几个问题、多走几步路、多动几次手的习惯，那他就能比别人多一些成功的机会，也会比别人看到更多的风景，收获更多的果实。

✪ 西点训条

工作中努力是好事情，但仅努力是不够的，还要多动脑，多思考，这样才能真正做出成绩。

不断变换看问题的角度

在西点军校的赛车训练课堂上,教官哈里讲道:"在赛车时你最需要当心的一件事,就是当车轮打滑时要怎么办。碰到这种情形很简单,那就是把目光放在你想去的方向,可别像大多数人那样一心只想车子别撞上栏杆。"

当哈里说完上述道理后,就对罗宾说:"现在我们要进行车轮打滑的反应训练,我这里有一台计算机,当一按其中这个按钮,有一边车轮就会腾空,造成车子失控而乱滑。这时候你可别盯着路旁栏杆,而要盯着希望车子驶去的方向。"

"没问题,"罗宾满怀自信地说道,"我听清楚了你所说的。"

头一次驾着车出场,罗宾一路上尖叫不停。随后,哈里教官就按了那个按钮,车子便突然打滑并失控,你可知道罗宾的眼睛是盯着何处吗?一点没错,就是路旁的栏杆!眼看着车子就要撞上去。罗宾心里害怕得要命,就在这千钧一发之际,哈里教官迅即把他的头扳向左侧,逼着他看应当要去的方向。虽然车子还是不时打滑,罗宾也一直担心会撞上栏杆,但就是硬被哈里教官逼着只看车子应当去的方向。最后,罗宾终于把意念摆对方向,而方向盘也能顺势转向。当训练结束时,罗宾停好了车子,深深地吐了口气。

哈里说:"当生活中发生了什么问题,要把思维重点放在寻求解决办法上,也就是朝向所要的结果上,可千万别把意念放在让你害怕的方向上。"

人生在世,总感到要做的事太多,有些事做来还很困难。面对一大堆的事情,总感到没有办法去解决。其实不管有多少事要做,我们都不必心急气躁,要相信办法总比事情多,方法也总比困难多。

1949年,地质学家伍德沃德到赞比亚西部高原上寻找铜矿,可是一直未能找到。后来,伍德沃德发现了一种奇怪的小草,这种小草在有些地方开着紫红的花朵,而在有些地方则开着红花。伍德沃德想,小草开出不同颜色的花,会不会是土壤中含有不同的矿物质引起的?于是,伍德沃德就把开着不同颜色两

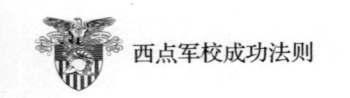

种花的土壤带回到实验室进行分析，结果发现开紫花的小草生长的土壤中含有大量的铜元素。于是，伍德沃德变找铜矿为找这种奇怪的小草，最后果然发现了一个世界罕见的大铜矿。

铜矿隐藏在地下，人的肉眼看不到它，但伍德沃德却巧妙地利用侧向思维，从而使问题轻而易举地得到解决。当遇到难以解决的困难时，我们可以采用侧向变通法，即不从正面直接着手，而是另辟蹊径，从侧面寻找突破口。换一个角度处理问题，可能会看到完全不同的景象。也许正是一个不经意的角度转换，会让你在不经意间解决了问题。

美国摩根财团的创始人摩根，原来并不富有，他和妻子靠卖蛋维持生计，但身高体壮的摩根卖蛋远不及瘦小的妻子。后来，他终于明白了原委。原来，他用手掌托着蛋叫卖时，由于手掌太大，人们的视觉就会产生误差，认为摩根卖的蛋太小。于是，他立即改变了卖蛋的方式：把蛋放在一个浅而小的托盘里，出售情况果然好转。但摩根并不因此满足，眼睛的视觉误差既然能影响销售，那经营的学问就更大了，从而激发了他对心理学、经营学、管理学等的研究和探讨，最终创建了摩根财团。

日本东京三叶咖啡屋有一段时间生意清淡，顾客反映这个店的咖啡太淡了。老板觉得很委屈，事实上同样价格的咖啡，该店下料并不比其他咖啡店少。通过观察，老板发现，原来这与咖啡店所用的杯子有关。他们一直用一种黄色的杯子，由于色彩搭配的原因，用这种杯子装的咖啡总显得浓度不够。后来，他们改用红色的杯子，咖啡的浓度还是和原来一样，但顾客却增加了好几倍。

生活的逻辑就是这样奇妙，从不同的角度看问题便会产生不同的想法和不同的感觉。所以，若想让自己经常拥有新的想法，就必须不断变换一下看问题的角度。而且越是新的角度，就越能产生新的想法，越会使你接近成功。

世界上没有死胡同，关键就看你如何去寻找出路。有一句话说得好："横切苹果，你就能够看到美丽的星星。"当你在工作中遭遇困境的时候，学着换一种眼光和思维看问题，相信你一定能够化逆境为顺境，化问题为机遇。

★ 西点训条

在这个世界上，从来没有绝对的失败，有时只需稍微调整一下思路，转变一下视角，失败就有可能向成功转化。

善于变通思维，就能找到解决问题的好办法

在西点军校的课堂上有这样一个案例：电影界突然一窝蜂地拍摄有动物参加演出的影片。虽然大家几乎是同时开拍，但是其中有一家，不仅推出得早了许多，而且动物的表演也远较别人精彩，这是为什么呢？

原来，这位导演在同一时间找了许多只外形一样的动物演员，并各训练一两种表演。于是当别人唯一的动物演员费尽力气只能演几个动作时，他的动物演员却仿佛通灵的天才一般，变出许多高难度的把戏。而且因为他采取好几组同时拍的方式，剪接起来立刻就可以将电影推出。观众只见其中的小动物爬高下梯、开门关窗、卸花送报、装死促狭，却不知道全是不同的小动物演的。

思路一变方法来，想不到就没办法，想到了又非常简单，人的思维就是这样奇妙。变通思维是创造性思维的一种形式，是创造力在行为上的一种表现。思维具有变通性的人，遇事能够举一反三，闻一知十，做到触类旁通，因而能产生种种超常的构思，提出与众不同的新观念。科学领域中的任何建树，都需要以思维的变通为前提。一般来说，变通思维用好了，就会起到一种"柳暗花明"的奇妙作用。

华人首富李嘉诚曾在茶楼里做跑堂的伙计，后来应聘到一家企业当推销员。做推销员首先要能走路，这一点难不倒他，以前他在茶楼整天跑前跑后，早就练就了一副好脚板，可最重要的还是怎样千方百计地把产品推销出去。

有一次，李嘉诚去一栋办公楼推销一种塑料洒水器，一连走了好几家都无

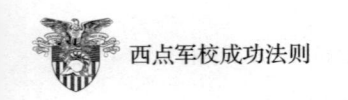

人问津。一上午过去了，一点成绩都没有，如果下午还是毫无进展，那这一天就白跑了。

尽管推销颇为艰难，李嘉诚还是不停地给自己打气，精神抖擞地走进了另一栋办公楼。他看到楼道上的灰尘很多，突然灵机一动，没有直接去推销产品，而是去洗手间，往洒水器里装了一些水，将水洒在楼道里。经他这样一洒，原来脏兮兮的楼道一下变得干净了许多。这样一来，立刻就引起了办公楼清洁人员的兴趣，并向他购买了洒水器。就这样，一下午他就卖掉了十多台洒水器。

李嘉诚最后之所以能推销成功，就是因为他找对了推销的策略，巧妙地将洒水器的功用明明白白地展示给了自己的潜在客户，并赢得了实实在在的订单。

解决一个问题，思考的方法十分重要。善于变通思维，就能找到解决问题的好办法。从一个方向思考问题容易陷入困境，变通一下思维，从另一个角度思考问题，就很可能得到意外的收获。因此，变通性思维要求我们在处理问题时能做到触类旁通、举一反三。比尔·盖茨曾说："一个出色的员工，要想让客户再度选择你的商品，就应该去寻找一个让客户再度接受你的理由，任何产品遇到了你善于思索的大脑，都肯定能有办法让它和微软的视窗一样行销天下。"

改变思维是改变自我的内在基础，好方法是解决问题的必要工具。只有运用头脑，积极思考，转换思路，不断寻思出新的做事方法，你才能够发现、创造更多的机会，实现自己的目标。遇到难以解决的问题，与其死盯住不放，不如把问题转换一下，化难为易，从而达到解决问题的目的。

在一次欧洲篮球锦标赛上，保加利亚队与捷克斯洛伐克队相遇。当比赛剩下8秒时，保加利亚队以2分优势领先，一般来说已稳操胜券。但是，那次锦标赛采用的是循环制，保加利亚队必须赢球超过5分才能取胜。可是用仅剩下的8秒再赢3分，谈何容易。这时，保加利亚队的教练突然请求暂停。许多人对此举付之一笑，认为保加利亚队大势已去，被淘汰是不可避免的，教练即使有回天之力，也很难力挽狂澜。

暂停结束后，比赛继续进行。这时，球场上出现了众人意想不到的事情：只见保加利亚队员突然运球向自家篮下跑去，并迅速起跳投篮，球应声入网。这时，全场观众目瞪口呆，全场比赛时间到。但是，当裁判宣布双方打成平局（保加利亚队被罚2分）需要加时赛时，大家才恍然大悟。保加利亚队这出人意料之举，为自己创造了一次起死回生的机会。加时赛的结果，保加利亚队赢得了6分，如愿以偿地出线了。

思维决定一个人的路途。不同的人会选择不同的思维，自然他们脚下的路就不一样。无论是解决新问题，还是对旧问题寻求新的解决方案，善于改变自己的思维，不按照常理去思考，就会取得非同一般的成效。

在任何关键的时候，变通的想法都是解决问题的重要途径。一个不善于变通思考的人，会遇到许多取舍不定的问题；相反，变通的思考能产生巨大的作用，可以决定一个人应该采取什么样的行动。如果你在行动之前，能够变通思考，想出恰当的方法，那你就能有效地做成自己想做的事。

西点训条

在任何关键的时候，变通的想法都是解决问题的重要途径。善于变通思维，就能找到解决问题的好办法。

第 04 章

主动迎接挑战，成功的捷径之一就是要敢于冒险

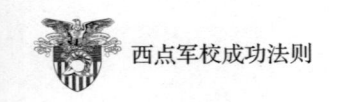

勇敢的人面前才有路

　　勇敢的人到处有路可走。西点军校正是看到这点，所以把勇气的培养放在了关键的位置。西点对于那些敢于步出行列，主动承担任务的人赞赏有加。西点认为，培养一个人刚毅无畏的性格，首先这个人必须是一个开拓者和勇敢者，是一个敢于出头的人。一个总是缩头缩脑，不敢为天下先的人，不可能成为一名出色的领导。

　　"勇敢"是一个想获得成功的人必不可少的品质。蒙哥马利在他的回忆录中这样说："要取得成就有很多必要条件，其中两条非常重要，那就是苦干和正直。现在得再加上一条：勇气。"人们在做某一件事之前，不可能百分之百地预见到未来的全部进程和结局。如果哪个人想等到"十拿九稳"或"十拿十稳"时，才肯举步向前，那他就只配充当远远跟在开拓者之后的毫无建树的追随者。

　　几经起落，最终反败为胜的美国汽车大王艾柯卡就直言不讳地说："我绝不能百分之百地掌握你所需要的情况，在一定程度上我做事全凭勇气。"即使你的先天条件并不如常人，即使上天给予你的苦难比起他人来要多得多，但勇气却必能为你增添一份可贵的强大动力，帮助你升空高飞，向着目标和理想不断进发。

　　具有女强人之称的吴士宏，原来是一名护士。对于自己的成长历程，她回忆说，她至今还清楚地记得，当年在长城饭店门口，自己足足徘徊了5分钟，呆呆地看着那些各种肤色的人如何从容地迈上台阶，如何一点也不生疏地走进门去，就这样简简单单地进入另一个世界。她之所以徘徊了5分钟不敢进去，就是因为她的内心深处无法丈量自己与这道门之间的距离。

　　她终于鼓足了勇气，迈着稳健的步伐，走进了世界最大的信息产业公司驻北京办事处。后来，她成为IBM华南地区第一位经理。

每个人的勇气都不是天生的，没有谁一生下来就充满自信，只有勇于尝试，才能锻炼出勇气。人的勇气和胆识是在屡败屡战中锻炼出来的，也是自己给自己灌输的。勇气使你不再害怕，继续向前走。在这个世界上，只要勇敢地起步，你就会发现许多门都是虚掩的。

一个人的成功并不在于你取得多大成就，而在于你是否具有屡败屡战、敢于坚持的勇气。成功者不比普通者更有运气，只是比普通者更能延续最后5分钟的勇气。意大利著名记者法拉齐说："人只要有勇气，就没有办不成功的事。"她就是凭着一股勇气，采访了诸多国家的首脑，为人们做出了榜样。成功者就是这样，他们敢于与命运抗争，劲头十足，不断前进，直到取得自己满意的结果。

卡洛斯·桑塔纳出生在墨西哥，17岁随父母移居美国。卡洛斯自幼随父学艺，歌唱得很不错，曾经在班里的几次活动中展现过他的歌喉。有一次，学校要举办年级歌手大赛，通知说学生可以自由报名，但是卡洛斯没有勇气去报名，他怕报名处的老师们奚落他。有一次他走到了报名所在地办公室前，还是没有勇气去敲门。

当报名时间只剩下两天时，他的音乐老师克努森问他："卡洛斯，为什么你不去报名呢？难道你没有看到通知吗？要知道，报名后天就截止了。"

"呃，克努森先生，您知道，我的成绩很糟糕，所以……"

"我知道，我看过你来美国以后的成绩，除了'及格'就是'不及格'，真是太糟了。但是你的音乐成绩却有很多优，我看得出来你是个音乐天才。为什么不去报名，让别人看到你优秀的一面呢？"

克努森老师将双手放在卡洛斯的肩膀上，"孩子，有一句话你一定要记住：不管你做什么，都要拿出勇气来，幸运女神的门只为有勇气的人敞开着。"

老师的话给了卡洛斯极大的信心，他勇敢地走进那间办公室报了名，在比赛中他用美妙的歌喉征服了全校的老师和同学，一举夺得年级第一名的好

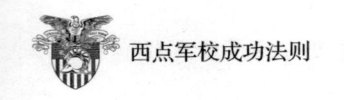

成绩。

由于这次夺魁，卡洛斯对自己信心倍增。在以后从艺的道路上，无论遇到什么困难，他都毫不退缩，奋勇向前。付出终有收获，2000年，52岁的卡洛斯·桑塔纳成为第42届格莱美颁奖舞台上最大的赢家，独揽了包括含金量最高的格莱美年度专集奖与年度歌曲奖，至此，他共获得了8次格莱美音乐大奖，是首位步入"拉丁音乐名人堂"的摇滚音乐家。

领奖台上，卡洛斯作了一次简短的演说，述说了他对音乐的热爱，并着重强调了一点："幸运女神之门只为有勇气的人敞开着，没有足够的勇气，我就不会站在这个舞台上！"

认准目标，勇往直前，是一切有识者的成功经验。敢是一种胜利，不敢就是一种失败。因为敢，你离成功很近；因为不敢，你在远离风险的同时，也将错过成功的机会，造成终生遗憾。想成为一个名副其实的赢家，你就应该大声地对懦弱和胆怯说"不"。

每个人都在渴望着成功，然而成功并不是一条风和日丽的坦途，它需要你有一种披荆斩棘和承受厄运的勇气。勇敢的人面前才有路，是否敢于拿出一点点勇气，往往成为成功者与失败者的分水岭。很多时候，成功的门都是虚掩着的，勇敢地去叩开成功之门，才能探寻出个究竟来。那时，呈现在你眼前的真的将是一片崭新的天地。

西点训条

勇敢的人面前才有路，是否敢于拿出一点勇气，往往成为成功者与失败者的分水岭。勇敢地去叩成功之门，你的眼前将是一片新天地。

无畏是灵魂的一种杰出力量

西点智能发展方针有3个目标，第一个是："高水平的智能、精神承受力和果断性，带有理性的勇气和正直、责任心和主动性。"在军事教育发展方针中，西点明确提出培养学员"理性的勇敢"。

"理性的勇敢"不是那种路见不平、拔刀相助的勇敢，不是那种"有所不屑"就出手相搏的勇敢。或者说，不是简单的血气之勇，不是三分钟热血的冲动。"理性的勇敢"更多地表现为临危不惧、冷静分析、坚持到底的原则。

西点尊敬勇者，崇尚勇敢精神。西点学员必须明白，只有勇敢精神才能让平凡的自己做出惊人的事业。在"勇敢者的游戏"中，想要胜利就不能退缩，只能前进。西点学员、著名将军布莱德利说："面对死亡微笑的勇士将不会畏惧任何危险，勇气会贯穿于他们的一生，牺牲是他们战胜一切困难的武器。"

第二次世界大战中，巴顿创造的战绩是巨大的，也是惊人的。正如驻欧洲盟军总司令艾森豪威尔将军在战后所说："在巴顿面前，没有不可克服的困难和不可逾越的障碍，他简直就像古代神话中的大力神，从不会被战争的重负压倒。"

在作战方面，巴顿堪称世界现代战争史上最杰出的战术家之一，其主要特点是勇敢无畏的进攻精神。巴顿特别强调装甲部队的大范围机动性，尽一切努力使部队推进、推进、再推进。巴顿在战斗中的一句口头禅是："要迅速地、无情地、勇猛地、无休止地进攻！"有时，他下令："我们要进攻、进攻，直到精疲力竭，然后我们还要再进攻。"有时，他对部下说："一直打到坦克开不动，然后再爬出来步行……"正是这种勇敢无畏的进攻精神，使巴顿率领的部队在战场上所向披靡，无往不胜。

1918年9月，巴顿指挥美军的坦克兵参加圣米歇尔战役。敌人的炮火稍一减弱，巴顿就马上指挥大家沿山丘北面的斜坡往上冲。巴顿挥动着指挥棒，口中高声叫道："我们赶上去吧，谁跟我一起上？"分散在斜坡上的士兵全都站起来，跟随他往上冲。他们刚冲到山顶，一阵机枪子弹就像雨点般猛射过来。大伙立即都趴到地上，几个人当场毙命。当时的情景真让人有些不寒而栗，大多数人都趴在地上一动也不敢动。望着倒在身边的尸体，巴顿大喊："该是另一个巴顿献身的时候了！"便带头向前冲去。

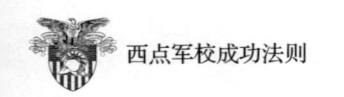

只有6个人跟着他一起往前冲,但很快,他们一个接一个地倒下去,巴顿身边只剩下传令兵安吉洛。巴顿命令说:"无论如何也要前进!"他又向前跑去,但没跑几步,一颗子弹击中了他的左大腿,从他的直肠穿了出来,他摔倒在地,血流不止。

鉴于巴顿的杰出表现,他获得了"优异服务十字勋章",以表彰他在战场上的勇敢表现和突出战绩。

在许多时候,成功者与平庸者的区别,不在于才能的高低,而在于有没有勇气。有足够勇气的人可以过关斩将,勇往直前,平庸者则只能畏首畏尾,知难而退。爱默生说:"除自己以外,没有人能哄骗你离开最后的成功。"柯瑞斯也说过:"命运只帮助勇敢的人。"

无论是怎样严苛的训练或是磨炼,在西点人眼里都是"勇敢者的游戏",只有凭借勇气才能克服这些考验。西点领袖麦克阿瑟的敢于冒险的精神给人留下了非常深刻的印象。他在战争中从不考虑个人安全,总是冲锋在前,不怕危险。这也是他成为美国杰出将领的一个重要原因。他曾经数十次进入日军的火力封锁区,一次又一次地和第一攻击波的部队一起登陆。他曾说:"能打死我的日本子弹还没造好!"

麦克阿瑟的司令部虽然设在隧道里,但他却仍把家安在地面上,经常冒着遭空袭的危险。有一次,他正在家中办公,日军飞机又来空袭,子弹穿过窗户打在麦克阿瑟身边的墙上。他的副官惊慌地冲了进来,发现他仍镇定自若地在工作,好像什么事也没发生一样。看到副官进来,他从办公桌上抬起头来问:"什么事?"副官惊魂未定地说:"谢天谢地,将军,我以为你已被打死了。"麦克阿瑟回答说:"还没有,谢谢你进来。"

在另一次空袭中,麦克阿瑟从隧道里跑出来,毫不畏惧地站在露天下,观察日军飞机的空中编队,数着飞机的数量。他的值班中士摘下头上的钢盔给他戴上,这时一块弹片正好打在这位中士拿着钢盔的手上。奎松得知此事后,立即给麦克阿瑟写了一封信,提醒他要对两国政府、人民及军队负责,不要冒不必要的危险，以免遭到不幸。但麦克阿瑟把他的这种举动看作是自己的职责，认为在这样的时刻，让士兵们看到他同他们在一起会高兴的。

勇敢就是在面临危险的时候临危不惧，就是客观评估风险之后果断行动，就是在困难面前绝不后退，就是在狂风暴雨里始终走在最前面。这是一种积极的态度，是一种敢为天下先的勇气。当胆小者掉头逃跑了的时候，勇敢者选择的却是越是危险越向前。

著名的数学家华罗庚曾说："只有不畏攀登的采药者，只有不怕巨浪的弄潮儿，才能登上高峰采得仙草，深入水底觅得骊珠。"无畏是灵魂的一种杰出力量，无畏者不怕面对命运的多舛，不惧经受风雨的洗礼，永远有直面挫折的勇气。

◆ 西点训条

无畏是灵魂的一种杰出力量，无畏者不怕面对命运的多舛，永远有直面挫折的勇气。

胆商都是一种重要的素养

西点人认为，仅有高智商和高情商还不足以使你成为伟大的成功者，必须要同时具有高胆商才行。什么叫胆商？就是有冒险精神，能够抓住机遇。对于每一个渴望成为赢家的人，胆商都是一种重要的素养。美国前总统尼克松曾经说："成功地踏上仕途，需具备为取得重大成就甘冒一切风险的品质。你绝不应该害怕失去什么。我的意思不是要你去鲁莽从事，但你必须得'敢'字当头。"

每一位西点学员都需要冒险。风险越高，人的情绪就越接近恐慌。要训练自己在重要关头能够处理恐慌的能力，最好的办法就是在控制的情境下练习克服恐慌。西点军校训练营的格言是："随时随地表现自我，敢于冒险，倾尽心力！"

西点所有学员都必须接受体能训练，参与相当危险的运动。男生要修拳击

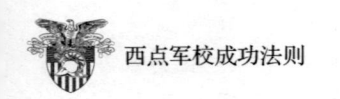

和摔跤,而男、女生都要修体操、游泳救生和肉搏等自卫训练的课程。此外,运动竞赛也是必修课程,而且学员至少有一季要参加团队运动比赛,这些都是有可能受伤的剧烈运动。这些必修课程非常重要,不仅能锻炼年轻士兵的体能,也教导他们勇敢地面对危险。西点每年都要对新学员重复这句忠告:"接受困难,勇于冒险。"

人生总是充满各种不确定的变化因素,其中不求安稳,敢于冒险,即为其一。敢于冒险,这是成功的变化手段。如果惧怕失败,不冒风险,其最为痛惜之处在于,这个人自己葬送了自己的潜能。与其造成这样的悔恨和遗憾,不如去勇敢地闯荡和探索。

1988年10月27日,秘鲁的一艘潜水艇在公海上被一艘日本商船撞沉。船长及大副等6人死亡,24人逃离险境,还有22人随潜艇沉入海底。危急关头,大家推举老船员詹特斯为临时船长,让他拿定逃生办法。时间一分一秒地过去,潜水艇还在继续下沉,有人绝望了。

詹特斯想到发射鱼雷的方法,他决定冒险搏一把——用发射鱼雷的方法,将人一个个地发射出去。然而,这样做实在太危险了:因为人被发射后,要承受巨大的压力,弄不好,会留下终生难以治愈的"沉箱肩"。

这时潜艇已沉入海中33米,不能再犹豫了!詹特斯告诉大家:进入鱼雷弹道口前,尽量把腔内的空气排净,否则肺会像气球一样在发射中爆炸。结果,这22人中除一人脑出血外,其余的都被安全地射上海面,死里逃生。

如果去冒险将是用自己现有的安逸去交换充满未知的将来,也要意识到这将是一次实现跨越的绝好机会。有限度地承担风险,无非带来两种结果:成功或失败。如果我们获得成功,我们可以提升至新领域,显然这是一种成长;如果我们失败了,我们也可以很快清楚为什么做错了,可以从中学会以后该避免怎么做,这也是一种成长。适当地培育冒险精神,你才有可能突破自我,脱颖而出,走向卓越。

西点毕业生、美国杜邦公司创始人亨利·杜邦说:"危险是什么?危险就是让弱者逃跑的噩梦，危险也是让勇者前进的号角。对于军人来说，冒险是一种最大的美德。"一切生机全在行动中来，从动态发展中来。虽然行人经常抱怨自己缺少机会，但是运动乃为机会之母。事实上，当你具有一定的冒险精神时，你就不会满足于现状，而是敢于进取。这种冒险往往会给你丰厚的回报。

我国伟大的地理学家徐霞客，就是一位敢于跨越人生的成功者。他撰写的《徐霞客游记》是世界上第一部系统研究岩溶地貌的科学著作，比欧洲人的此项考察早了两百多年，人们评价这部游记是"世间真文字、大文字、奇文字"。徐霞客的一生，大部分是在旅途中度过的。他登悬崖、攀绝壁、涉洪流、探洞穴，历经了无数艰难险阻。他在游嵩山时，向当地人打听下山的道路，人家告诉他，下山的路有两条：一条是平坦的大路，另一条是险峻的小道。他毫不犹豫地选择了后者，出没于陡岩丛莽中，经过艰难的跋涉才到山下。他感慨地说："人家说嵩山没有什么可游的，正是没有看到险峻的地方。"他的话道出了一个成功者的胆量。

任何领域的领袖人物，他们之所以能够成为顶尖人物，正是由于他们勇于面对风险。经常冒险可以保持你对生活的持续热情和永不衰减的情趣感，在这种习惯中，你将拥有永葆活力的生活。勇于冒险求胜，我们就能比想象的做得更多、更好。生命运动从本质上说就是一种探险，如果不是主动地迎接风险的挑战，便是被动地等待风险的降临。

作为青年人，一方面要通过学习和实验不断增长智慧，另一方面还要永远保持冒险精神。自卑自忧、谨小慎微并不是成功者的品质；裹足不前、举棋不定，只能在当今瞬息万变的社会中被淘汰出局。想成功，却要冒失败的风险。可是，所有这些风险和危险都是值得的，因为人生最大的冒险，就是没有任何冒险。

成功的捷径之一就是要敢于冒险。你肯定不想一辈子平庸无奇、碌碌无为，那么，你不妨冒险。这个世界永远有新的挑战立在你的前面，有新的领域等待你去征服，关键是你敢不敢去冒险。许多成功人士不一定比你"会"做，

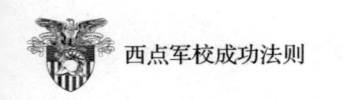

重要的是他们比你"敢"做。

⭐ **西点训条**

勇于冒险求胜，我们就能比想象的做得更多、更好。如果不去主动地迎接风险的挑战，便是被动地等待风险的降临。

有意识地与自身的恐惧做斗争

西点的心理素质训练是刻意锻炼学员的心灵，借此训练使学员们成长为心理上的强者。学员要找到自己心中的敌人，痛快地杀掉它！其中，恐惧就是要被杀掉的第一个敌人。西点认为：从长远来看，有意识地与自身的恐惧做斗争，培养勇敢的精神，才是可以彻底战胜疾病、战胜生活的唯一选择。

西点开始训练时，教官们清楚地知道，没有恐惧，勇气是培养不出来的。刚刚踏入训练营的新学员们也许还有些爱冒险，有点冒冒失失，但是生活经验并不足以让他们应对战斗中的恐惧。他们必须事先体验恐惧，并学会在不断有恐惧出现时如何镇定自若。因此，西点一步一步地让队员接受各种令人恐惧的体验。

新学员们学会克服恐惧要有一个过程，这个过程是越来越难的，它是专门针对团队设计的，同时又是强制性的。

在西点各种体能训练当中，学生觉得最困难的就是拳击。很多学生脸上从来没有挨过拳，突然之间他们必须赤裸裸地面对自己的恐惧。最糟糕的情况，莫过于想要逃开拳击台了。如果真有人想要逃走，也必须再回头，否则就毕不了业。他们必须学会面对恐惧，了解恐惧，同时体会如何应对因恐惧带来的压力。唯有如此，才能够确保在最需要冷静行事的关键时刻，他们不会因为恐惧而瘫痪。

欠缺自信的人，将终日和恐怖结伴为邻。越是被恐怖的乌云所笼罩，自我肯定的机会也就越渺茫。美国总统罗斯福曾说过一句名言："我们唯一值得恐惧的就是恐惧本身，那会让我们莫名其妙地胆怯，会让我们为前进所付出的努力付诸东流。"

罗斯福第一次竞选总统惨遭失败后，暂时退出政坛。不久，又因一场意外的遭遇而半身瘫痪。他瘫痪后相信自己还能成功，再次竞选时终于当了总统，入主白宫。一个瘸腿人每天坐着轮椅，昂着头，挺着胸，信心百倍地去上班。他在首次就职演说中提出的那个"无所畏惧"的战斗口号，鼓舞了千千万万的听众，他说："我们唯一值得恐惧的就是恐惧本身。"他凭着永远不甘放弃的精神，把美国引上了一条新的发展道路。他连任四届，成为美国最杰出的总统之一。

任何方面的成功人士，都是靠勇敢面对多数人所畏惧的事物，才能出人头地。美国著名拳击教练达马托曾经说过："英雄和懦夫同样会感到畏惧，只是英雄对畏惧的反应不同而已。"一个人绝对不可在遇到危险的威胁时，背过身去试图逃避。若是这样做，只会使危险加倍。任何人只有去做他所恐惧的事，并持续地做下去，直到有获得成功的纪录做后盾，他才能克服恐惧。

麦克阿瑟在西点军校的演讲中曾说过这样一句话："不正面面对恐惧，就得一生一世躲着它。"麦克阿瑟指出，如果不能自己除掉恐惧，那样的阴影会跟着你，变成一种逃也逃不了的遗憾。不要因为恐惧失望而害怕尝试。一旦你正面面对恐惧，很多恐惧都会被击破。对此，西点军校的1967届毕业生卡兰德有切身的体会。

有一次，卡兰德在纽约的一个饭店里，看着善泳的朋友们在阳光下嬉戏，忽然有一种不舒服的感觉涌上心头。卡兰德告诉他们怕晒黑，所以不想下水。朋友们笑着怂恿他："不要因为怕水，你就永远不去游泳……"

阳光洒在他们水滑滑、光亮亮的肌肤上，他们像海豚一样骄傲地嬉戏着，而卡兰德其实并不想躲在没有阳光的阴影里看着他们的快乐。他觉得自己是个懦夫。

一个月后，朋友邀卡兰德到一个温泉度假中心，他鼓足勇气下水了。卡兰

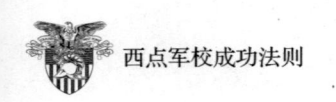

德发现自己没有自己想象中那么无能，但他不敢游到水深的地方。

"试试看，"朋友和蔼地对他说，"让自己灭顶，看会不会沉下去！"

于是，卡兰德试了一下。朋友说得没错，在我们意识清醒的状态下，想要沉下去、摸到池底还真的不可能。真是一种奇妙的体验！

"看，你根本淹不死，也沉不下去，为什么要害怕呢？"

卡兰德上了一课，若有所悟。从那天起，他不再怕水，虽然目前不算是游泳健将，但游个四五百米是不成问题的。

西点人相信："现实中的恐惧，远比不上想象中的恐惧那么可怕。"大多数人在碰到棘手的事物时，大都只会考虑到事物本身的困难程度，如此自然也就产生了恐怖感。但是一旦实际着手时，就会发现事情其实比想象中要容易且顺利多了。

如果我们敢于做自己害怕的事，害怕就必然会消失。征服畏惧、建立自信的最快、最实际的方法，就是去做你害怕的事，直到你获得成功的经验。无论是西点的学员，还是一个普通人，都应该学会克服恐惧，克服了恐惧就等于战胜了自己最大的敌人，那离超越自我、走向成功也就不远了。

★ 西点训条

现实中的恐惧远比不上想象中的恐惧可怕。征服畏惧、建立自信的最快、最实际的方法，就是去做你害怕的事，直到你获得成功。

第05章

敢于力争第一，始终不渝地竭尽全力

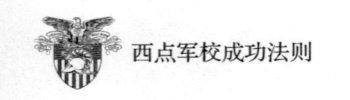

即使你是第一，也永远可以做得更好

西点人注重胜利，并在学员中间不断强化胜利意识，他们在认识到获得球赛的胜利和获得战争的胜利有许多相似之处时，就把体育运动广泛地引进学员生活之中。体育和战争的本质都是双方的对抗，最后决出胜负，而其关键就是"获胜"。

1961年，西点军校橄榄球队在一系列比赛中连连败阵，军校当局撤掉了文斯·隆巴迪的教练之职，同时委任受人欢迎的波尔·迪茨尔任新教练。校长威斯特摩兰解释说："委任迪茨尔担任西点军校橄榄球队的教练，是为了国家的利益，为了陆军的利益，为了西点军校的利益。经过我们大家的共同努力，总算找到了一位能'取胜'的理想教练。"

西点人明白，胜利是最好的说明。胜利说明力量，说明人格，说明成就，说明一切。所以，西点的教官十分注重向学员灌输胜利意识，让所有的学员明白，只有胜利，只有竞争，只有夺得第一，才能带来荣誉。

力争第一，是一种积极向上的心态，它为所有人创造了一种前进的动力。在很多时候，成功的主要障碍，不是能力的大小，而是我们的心态。为什么在现实中有些人受人敬重，有些人被人看不起？有很多人在从事一项工作时，得过且过，甘愿做一个掉在队伍后面的"末等公民"，而不根据自己的强项，去争做"一等公民"，这就注定了这类人无法成大事。

安踏有限公司总裁丁志忠立志要做世界鞋王，作为国内第一个用体育明星做广告的运动鞋企业，丁志忠被称为"第一个吃螃蟹"的人，随后几年，安踏始终保持着领先地位。丁志忠说，安踏不会做中国的耐克，而是要做中国的安踏、世界的安踏。

确实，"力争第一"的态度能激发一往无前的勇气和争创一流的精神，从而获得成功。力争第一，更是一种追求、一种信念、一种无畏、一种越过冷漠荒原后，看到生命绿洲的快乐。因为挑战，任何一条路都有可能；因为挑战，你的潜能会被无限地激发，你会惊喜地发现自己是如此优秀。

比尔·盖茨有句格言："我应为王。"即使是屈居第二，对他来说，也是不可忍受的。他曾经对他童年要好的朋友说："与其做一株绿洲中的小草，还不如做秃丘中的一棵橡树，因为小草任人践踏，而橡树昂首天穹。"

在小的时候，盖茨就有一种执着的性格和想成为人杰的强烈欲望。他的同学曾回忆说："任何事情，不管是演奏乐器还是写文章，除非不做，否则他都会倾其全力花上所有的时间来完成。"

比尔·盖茨的进取精神在整个年级都是赫赫有名的，几乎没有一个同学能比得过他。盖茨读四年级时，老师布置了一道作业，要学生写一篇四五页长的关于人体特殊作用的文章。结果，盖茨一口气写了30多页。又有一次，老师叫全班同学写一篇不超过20页的短故事，而盖茨却写了100多页。

比尔·盖茨的同学回忆说："比尔不管做什么事情都喜欢登峰造极，不到极致绝不甘心。"

说到学习，早在盖茨中学时代，他的数学就是全校学得最好的。即使在哈佛这样天才荟萃的学府，比尔·盖茨的数学才能仍然很突出。按比尔·盖茨的天分，向数学方面发展，无疑可以成为一名优秀的数学家。但他发现还有几个同学在数学方面比他更胜一筹，于是，他放弃专攻数学的打算。因为他有一个信条：在一切事情上，不屈居第二。

盖茨之所以能成为软件霸主，聪明并不是第一位的，他不愿屈居第二的志气才是真正成功的动力。

力争第一，这不仅仅是一句口号，更是成功者脱颖而出的诀窍。成功者永远有超出众人之外的、敢于力争第一的心态。在他们身上所体现出来的这种"力争第一"的精神，是一个人不断进取的标志，它不允许人懈怠，它召唤每个人向更高层次的方向去努力、去进取。它告诉人们，如果你认为自己只具有

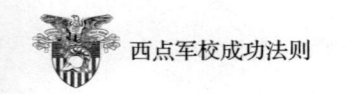

鞋匠的天赋，你也应该争取做世界上首屈一指的制鞋大王。

不想做得更好，就会做得更差。如果你是一个渴望得到重用的人，如果你希望让你的老板觉得你是不可取代的，一定要从内心决定做第一。这样在潜意识中你才会有信心做到完美，你的个性也才会真正成熟起来。那些自甘沉沦，不追求卓越，懒得提高自己能力的人是不会有所进步的。

不是第一就要努力成为第一，而即使你是第一，也永远可以做得更好。要知道，山外有山，天外有天。在21世纪，竞争没有疆界，你应该开放思维，站在一个更高的起点，给自己设定一个更具挑战的标准，才会有准确的努力方向和广阔的前景。"力争第一"如同成功道路上的一盏明灯，让人们永远向着光明的前方奋进。

西点训条

成功者永远有超出众人之外的、敢于力争第一的心态。力争第一，如同成功道路上的一盏明灯，指引人们永远向着光明的前方奋进。

心存改进的意愿，勇攀成功的巅峰

西点的校训之一是："满怀信心地去为实现自己的理想而努力。"西点教导每一个学员：你们很有可能成为自己所期望的样子。如果你们总是期望更高、更好、更神圣的东西，并为此付出艰苦的努力，你们就一定会实现自己的目标。

西点培养的人都具有一种强悍的英雄之气，他们相信：没有雄心的人不能成为英雄。西点军校有一条走廊，墙上全是像艾森豪威尔一样杰出将领的事迹和画像。他们的口号就是"和伟人同行"，以此来激励学生的荣誉感和成功意识。在美国，从内战以来的主要将领，到历次对外战争的最高荣誉获得者，大部分都是西点军校的毕业生。

志向是所有奇迹的萌发点。人一定要树立"我必成大事"的思想，也就是说，首先必须做一个心存高远志向的人，并为之而苦苦拼搏。因为我企图，所以我成功。没错，拥有强烈野心的人最终能够在竞争中脱颖而出，尽显英雄本色。如果你现在没有成功、没有地位、没有财富也无关紧要，只要你有野心，有把野心贯彻到底的智慧、毅力和勤奋，那么你站在金字塔塔顶的时候就指日可待。

研究表明，芸芸众生中，真正的天才与白痴都是极少数的，绝大多数人的智力都相差不多。然而，这些人在走过漫长的人生之路后，有的功盖天下，有的却碌碌无为。本是智力相近的一群人，为何他们的成就却有天壤之别呢？答案就在于人们的志向大小的不同。

英国新闻界的风云人物，伦敦《泰晤士报》的老板来斯乐辅爵士，在刚进入该报时，就不满足于90英镑周薪的待遇。经过不懈地努力，当《每日邮报》已为他所拥有的时候，他又把取得《泰晤士报》作为自己的努力方向，最后他终于狩猎到他的目标。

来斯乐辅爵士一直看不起生平无大志的人，他曾对一个服务刚满三个月的助理编辑说："你满意你现在的职位吗？你满足你现在每周50磅的周薪金吗？"当那位职员答复已觉得满意的时候，他马上把他开除了，并很失望地说："你应了解，我不希望我的手下对每周50磅的薪金就感到满足，并为此放弃自己的追求。"

不想当元帅的士兵，不仅永远当不上元帅，更无法成为一个好士兵。没有大目标的人就如井底之蛙一般没有远见，只会待在自己的一井之底。许多人之所以达不到自己孜孜以求的目标，是因为他们的主要目标太小，而且太模糊不清，会使自己失去动力。

很多时候，我们真正需要唤醒的是我们自己本身，我们每个人都应当尽可能地挖掘自身的潜能，激发自己的雄心壮志。任何人都应该有这样一种抱负，那就是在有限的生命中做一些独特的、带有强烈个人印记的事情，从而使自己免于平庸和粗俗，使自己的生活更精彩，使自己的生命更灿烂。真正的抱负就

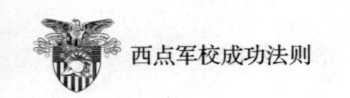

是植根于现实土壤的切实目标，就是在能力所及范围之内追求卓越。

1940年11月27日，一个名叫布鲁斯·李的小男孩出生在美国三藩市。在13岁时，他跟随名师叶问系统地学习了咏春拳，为后来自创截拳道打下了坚实的基础。

由于害怕孩子学坏，在他18岁那年，布鲁斯·李的父母决定送他到美国留学。在西雅图进入大学就读以后，除了学习外，他把精力都放在研习武术上。经过精益求精地潜修苦练，他的功夫逐渐娴熟乃至达到更高的境界。布鲁斯·李是个多面手，除了精通各种拳术外，还擅长长棍、短棍和双节棍等各种器械，并研习气功和硬功。

一天，布鲁斯·李与一位朋友谈到梦想时，随手在一张便笺上写下了自己的人生目标——"我，布鲁斯·李，将会成为全美最高薪酬的超级巨星。作为回报，我将奉献出最激动人心、最具震撼力的演出。从1970年开始，我将会赢得世界性声誉，到1980年，我将会拥有1000万美元的财富，那时候，我与家人将会过上愉快、和谐、幸福的生活。"

当时的布鲁斯·李生活正穷困潦倒，然而，他却把这些话深深铭刻在心底。为实现梦想，他克服了无数次常人难以想象的困难。1971年，命运女神终于向他露出了微笑。他主演的电影《唐山大兄》《精武门》《猛龙过江》，均刷新了香港票房纪录。1972年，他主演了香港嘉禾公司与美国华纳公司合作的《龙争虎斗》，这部电影使他成为一名国际巨星——被誉为"功夫之王"。

他就是李小龙——一个迄今为止在世界上享誉最高的华人明星。

平凡不等于平庸，伟大常常出自平凡。只要我们的信心多一分，成功就会离我们近一步。正如布鲁斯所说："相信自己不平凡，才能最终达到不平凡之境。"要相信自己是一个有用之才，能够凭借自己的能力打出一片成功的天地。不要再只是选择被动地等待，而是应该主动去了解自己要做什么，并且规划它们，然后全力以赴地去完成。

重要的并不在于你现在的地位多么卑微，或者手头从事的工作多么微不足道，只要你心存改进的意愿，只要你不局限于狭小的圈子，只要你希冀着攀登上成功的巅峰并愿意为此付出切实有效的努力，那么你终将成功。正如胚芽通过大量的积蓄最终萌发出地面一样，你也将通过持之以恒的努力渐渐地远离平庸，拥有一个比较卓越的人生。

★ 西点训条

我们每个人都应当尽可能地挖掘自身的潜能，激发自己的雄心壮志，通过持之以恒的努力拥有一个比较卓越的人生。

只要竭尽全力，总会有人为你喝彩

西点曾经向年轻的新学员提出挑战："你们具备少数令人骄傲的军官所具有的素质和能力吗？"在西点不存在平级调动——他们要么晋升，要么出局，留下来的全都是成功的、积极进取的学员。他们尽自己最大努力争取优异的表现。

第二次世界大战名将巴顿因作风严厉、作战勇猛而被誉为"血胆将军"。但巴顿在校的学习成绩却令人不敢恭维，因为他是花了5年时间才从西点军校毕业，比同期学员多出了1年。

刚刚升入西点军校时，巴顿的文化课一直跟不上。第一学年结束时，巴顿的数学成绩全班倒数第一，法语成绩也很不理想。校方虽然对他的顽强意志和刻苦精神给予肯定，承认他军姿优美、勇敢刚毅，但还是决定让他留级。这是巴顿平生遇到的第一个大挫折。

抱着要成为一个伟大军人的坚定信念，巴顿没有打退堂鼓。相反，留级的打击反而刺激了他争强好胜的欲望。暑假期间，巴顿把时间全部花在温习功课上，并请了一位家庭教师为他辅导。他不断提醒自己"一定要始终不渝地竭尽全力"。因此，他最终的成绩并不比别人差，学到的知识也并不比别人少，他在西点学子中的地位也丝毫不比任何杰出者逊色。

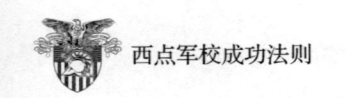

人的一生中，会有许多的机会和困难，面对此情此况，你是竭尽全力还是尽力而为呢？生活中，经常会出现种种山穷水尽的情况，无论是尽力而为还是竭尽全力地去解决，都可以出现成功与不成功两种结果，但体现出的是对人生、对自身潜能截然不同的态度：尽力而为是一句托词，是对自己解决问题态度的一种主观原谅；竭尽全力则是对自身潜能的最大挖掘，是对一个问题的执着与负责，是必要时进行自救的法宝。

那些有成就的人，凡事一定先下定了追求成功的决心。征服珠穆朗玛峰的登山者说："我要竭尽全力地做到这件事。"凡事尽力而为是不够的，尤其是现在这个竞争激烈的年代，尤其是趁你还年轻的时候，必须竭尽全力才行，如此才有可能得到希望的结果。

曾在西点军校就读的汤姆逊曾经在拥有世界三十六国分社的企业担任销售员，而连续6年蝉联世界第一优秀销售员的纪录。那时候，汤姆逊完全没有注意到其他同事拿到多少合同，只想着自己能够争取多少合同，于是竭尽全力地迎向挑战。他不断对自己说："今天卖得100万元，明天要卖到105万元，后天要卖到110万元，对我而言应该办得到，我务必竭尽全力地去达成。"

追求成功就要信仰成功，信仰成功才会每时每刻都竭尽全力，而不是偶尔竭尽全力，成功与失败只差这么一点。在做事时，只要你竭尽所能，做得比一般人更好、更精确，你自然能引起别人的重视。事实上，各行各业都需要竭尽全力、尽职尽责的人，所以，不管从事什么工作，平凡的也好，令人羡慕的也好，都应该竭尽全力，以求不断进步。

成功偏爱那些竭尽全力的人。当我们竭尽全力时，不管结果如何，我们都是赢了。因为竭尽全力所带来的个人满足，使我们都成为赢家。有一句话说得好："如果付出的比回报的多，最终得到的会比付出的多。"要知道，如果不懂得竭尽全力，"神奇时刻"就永远不会垂青和眷顾于你。

24岁的海军军官卡特，应召去见海曼·李科弗将军。在谈话中，将军让卡特挑选任何他愿意谈论的话题。然后，再问卡特一些问题，结果每每将军都将他问得直冒冷汗。

终于卡特开始明白：自己自认为懂得了很多东西，其实还远远不够。结束谈话时，将军问他在海军学校的学习成绩怎样，卡特立即自豪地说："将军，在820人的一个班中，我名列59名。"

将军皱了皱眉头，问："为什么你不是第一名呢，你竭尽全力了吗？"

此话如当头棒喝，影响了卡特的一生。从此，他做任何事都竭尽全力，后来终于成为美国总统。

不管做什么事，都要竭尽全力。这种精神的有无，可以左右一个人日后事业上的成功或失败。一个人一旦领悟了竭尽全力地工作这一秘诀，他就掌握了打开成功之门的钥匙，能处处以全力以赴的态度工作，即使从事最平庸的职业也能增添个人的荣耀。

在今天竞争激烈的社会，你只有竭尽全力去做每件事情，才能有一个好结果和好成绩。竭尽全力是一种精神，一种积极主动、永远奋力向前的精神，是一种态度，一种不计回报、不畏艰难、不找任何借口、倾其全力去完成任务的态度，是任何一个成功者所必备的素质。

海明威曾经说过："一个人只要竭尽全力地去做一件事，不论结果如何，他都是成功者。相反，一个人如果没有竭尽全力，即使得了第一，又能问心无愧吗？"不要过多地在意结果，要注重过程。你会发现，只要竭尽全力，总会有人为你喝彩。

西点训条

不管做什么事，都要竭尽全力。这种精神的有无，可以左右一个人的成败。处处全力以赴，即使从事最平庸的职业也能增添个人的荣耀。

永远向着更高的目标前进

西点的训练是循序渐进的，在难度不断提高的训练科目中，学生的素质可

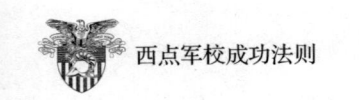

以得到不断的提高。西点要求学员永远向着更高的目标前进，永远都不要停止进取的脚步。西点人挑战他人，挑战自我，永远希望做得更好。西点军校的学员，都有这样的思想：永远不对自己的现状满意，永远向着更高的目标前进，你永远可以做得更好！

一个人一旦满足于自己目前获得的成就，便失去了继续前进的动力，不再追求更高的目标。而在这个竞争日趋激烈的社会，不前进便意味着后退，就可能被无情地淘汰。一旦你停止前进，便会被别人所赶超。

拿破仑·希尔告诉我们，进取心是一种极为难得的美德，它能驱使一个人在不被吩咐应该去做什么事之前，就能主动地去做应该做的事。个人进取心是一种激励我们前进的、最有趣而又最神秘的力量，它存在于我们每个人的生命中，就像我们自我保护的本能一样。正是进取心这种永不停息的自我推动力，激励着人们向自己的目标前进。这种内在的推动力从不允许我们"休息"，它总是激励我们为更好的明天而奋斗。

1997年，美国《家电》杂志公布全世界范围内增长速度最快的家电企业，海尔超过通用电气、西门子等世界名牌名列榜首。1998年11月30日，英国《金融时报》报道：在亚太地区声誉最佳的公司评比中海尔位居第7，是唯一进入前10名的中国企业……

海尔所取得的这些令人瞩目的成就，与海尔集团总裁张瑞敏的兢兢业业是分不开的，张瑞敏赢得了世人的无比尊敬。1997年，张瑞敏荣获《亚洲周刊》颁发的"1997年度企业家成就奖"；1999年12月7日，英国《金融时报》公布"全球30位最受尊重的企业家"排名，张瑞敏荣居第26位，这是中国企业家在世界范围内获得的最高美誉；2002年9月，张瑞敏荣获国际联合劝募协会设立的"全球杰出企业领袖奖"，是国内唯一获此殊荣的企业家。2004年8月美国《财富》杂志选出"亚洲25位最具影响力的商界领袖"，张瑞敏排名第6位。

虽然张端敏取得了许多可以让他自鸣得意的成就，但他却从不因此沾沾自喜。在取得了卓越业绩之后，张瑞敏竟然说："如果有丝毫满足，有丝毫放慢观念更新的步伐，海尔品牌将会在一夜之间被淘汰出局。"

成功仅代表过去，如果一个人沉迷于以往成功的回忆里，那就永远不能进步。要想不断进步，就要拥有归零的心态。归零的心态就是谦虚的心态，就是重新开始。正如有人所说的，第一次成功相对比较容易，第二次却不容易了，原因是不能归零。只有把成功忘掉，心态归零，才能面对新的挑战。只有保持归零的心态，才能不断发展，创造新的辉煌。

美国迪士尼乐园的创始人沃尔特·迪士尼说："做人如果不继续成长，就会开始走向死亡。"进取心塑造了一个人的灵魂。我们每个人所能达到的人生高度，无不始于一种内心的状态。当我们渴望有所成就的时候，才会冲破限制我们的种种束缚。齐白石到93岁才画了600幅画，歌德到80岁的时候才写出世界名著，的确，进取是没有止境的，我们永远不要满足于已经得到的，而需要不断地开拓新的领域。进取心是人类智慧的源泉，是威力最强大的引擎，是决定我们成就的标杆，是生命的活力之源。

世界球王贝利在20多年的足球生涯里，参加过1364场比赛，共踢进1282个球，并创造了一个队员在一场比赛中射进8个球的纪录。他超凡的技艺不但令万千观众心醉，而且经常使球场上的对手拍手称绝。他球艺高超，谈吐也不凡。当他个人进球纪录满1000个时，有人问他："您哪个球踢得最好？"贝利笑了，意味深长地说："下一个。"他的回答含蓄幽默，耐人寻味，像他的球艺一样精彩。

在成功的道路上要有永不满足的心态，要把一个阶段的成功用来更好地推动下一个阶段的成功。每当实现了一个近期目标，不要自满，而应该挑战新的目标，争取新的成功。要把原来的成功当成是新的成功的起点，这样才会永远有新的目标，才能不断攀登新的高峰，才能享受到成功者无穷无尽的乐趣。

近几年来，多次登上福布斯中国富豪榜的南存辉在事业上很专一，从事低压电器制造几十年，已经做到了亚洲第一，但他还是跟记者说："我还没有做

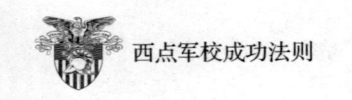

到最好，只有把这块市场做到最好了，我才会考虑做其他的。"

日本直销天王中岛薰说过："我向来认为自己最大的敌人就是满足，成功永远只是起点，而不是终点。"百万富翁想当千万富翁，千万富翁想当亿万富翁，亿万富翁想角逐《财富》排行榜。一个越成功的人，对成功的欲望就越大。

没有进取，社会就无法前进。生命在进取中生息不止，事业在进取中蒸蒸日上，人类在进取中超越自我。不甘于优秀，超越卓越者，可以把事情做到更好。"生命不息，奋斗不止"不应只是成功者的做事原则，也应该为众多普通人所共识。

✦ 西点训条

即使你是第一，也永远可以做得更好。进取是没有止境的，我们永远不要满足于已经得到的，而需要不断地开拓新的领域。

第 06 章

困难磨炼人生，每种逆境都含有等量利益的种子

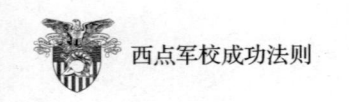

逆境是助你前行的智慧之手

西点的课堂上引用过这样一个例子：

一块普通的钢板只值5美元，如果把这块钢板制成马蹄掌，它就值10.5美元；如果做成钢针，就值3350.8美元；但如果把它做成手表的摆针，你猜猜它的价值可以攀升到多少美元呢？猜不到吧，价值25万美元！

其实每个人都是一样的，最初都可能是一块普通的钢板，只值5美元。但最后有的经过锤炼变成了马蹄掌，价值翻了1倍多；有的则经受了更多的精心打磨，最后成了价值更高的钢针；而那些经受种种翻来覆去的残酷打磨敲击成为手表的摆针的，价值已是当初的5万倍，不想成为人中之龙也难了！

看来，你首先应该明白的是：你拿自己做什么？是做钢板、马蹄掌、钢针，还是手表的摆针？价值越高，经受的磨难和需要的付出就越多。成功的西点人大都起始于不好的环境，并经历许多令人心碎的挣扎和奋斗。他们生命的转折点通常都是在危急时刻才降临。经历了这些沧桑之后，他们才具有更健全的人格。

被人们誉为"文学之父"的杰克·伦敦也是西点人的榜样。小学毕业后，杰克·伦敦就进了一家罐头厂当童工，每天在非人的条件下常常要工作十八九个小时，直到深夜才拖着疲劳不堪的身子回家。杰克·伦敦17岁时，受雇到一条小帆船上当水手，不久，他因为"无业游荡"被捕入狱当苦工。

出狱后，杰克·伦敦刻苦自学。20岁时，他靠自修考上了加利福尼亚大学，可是，只读了一个学期，便因缴纳不起学费而退学。失学后，他一面在洗衣店做工，一边开始业余写作，希望用稿费来弥补家用。

后来，杰克·伦敦又随众人到遥远的阿拉斯加去当淘金工人。他历经千辛万苦，由于缺乏营养、劳累过度患了坏血病，几乎下肢瘫痪。但是，逆境的刺激与磨炼，反而使杰克·伦敦成为一个具有特殊气质的作家。成为职业作家后，他16年如一日，每天工作19个小时，一共写了50本书。他的作品充分表现了人同困难的斗争及人处于各种逆境中的反抗，给20世纪初的文坛带来一股生机勃勃的力量。

成功学大师奥格·曼狄诺曾经指出："一个人，从出生到死亡，始终离不开受苦。人不经过磨炼，就不会完善，生命热力的炙烤和生命之雨的沐浴让人受益匪浅。"没有经历过逆境的人生是不完美的人生，经历过逆境并且勇敢与之作战，最终战胜它的人，才能真正认识自己，认识生活。

其实，人生的逆境并不都是坏事，它对一个人的成长具有非常重要的意义。拿破仑·希尔说："每种逆境都含有等量利益的种子。"在逆境中，人要经受各种考验与锤炼，百炼成钢。逆境并不可怕，只要你敢于在逆境中求生存，结果往往会是更大的成功。而一个人如果只安于舒适的现状，那么，这个人就会慢慢丧失在现代社会的土壤里生长的能力，将来只能在竞争激烈的社会中被淘汰。

事业上，逆境是一部深奥丰富的人生教科书。它吞噬意志薄弱的失败者，而经常造就毅力超群的事业成功者。大凡伟大的事业都是在艰巨的磨难中完成的。一个人生活太优裕，道路太顺畅，一旦遭到坎坷和挫折，往往会一筹莫展，驻足不前，甚至长期地沉沦在苦闷之中。而一个历尽沧桑、饱经风霜的人则不同，他是在磨难和挫折里长大和成熟起来的，已经具备了应付挫折的心理承受能力和驾驭生活的能力。面对人生事业中的大小磨难，他能无所畏惧，勇往直前，凭着坚强不屈的意志，战胜挫折，取得事业的成功和人生的幸福。

日本"经营之神"松下幸之助，小时候在乡下看见农民洗甘薯，不仅觉得很好玩，还悟出了一番做人的道理。在乡下，农民用木制的特大号水桶，装满了要洗的甘薯，然后用一根扁平的大木棍不停地搅拌。在木桶里，大小不一的甘薯，随着木棍的搅动，忽沉忽现。有趣的是，浮在上面的甘薯不会永远在上

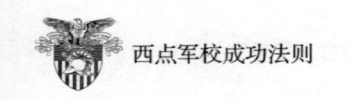

面；沉在下面的甘薯，也不会永远在下面。甘薯总是浮浮沉沉，互有轮替。

洗甘薯是这样，生活何尝不是这样！松下深有体会地说："这种沉沉浮浮、互有轮替的景象，正是人生的写照。每一个人的一生，不会永远春风得意，也不会永远穷困潦倒。这样持续不停地一浮一沉，就是对每个人最好的磨炼。"

松下幸之助在商界声名显赫，业绩辉煌，可是他的一生并不幸福：11岁辍学；13岁丧父；17岁差一点儿淹死；20岁不但丧母，而且得肺病几乎亡故；34岁，唯一的儿子出生仅6个月就病故；他一生受病魔纠缠，常常因病而卧床。这就是松下幸之助的一生。然而，每当他遭受打击与挫折时，就会想起乡下人洗甘薯的那一幕，于是，他百折不挠，愈挫愈勇，转败为胜，化危为安。

在人生道路上，困难和挫折是难免的，人生起起落落也无法预料，但是当我们遇到逆境时，千万不要忧郁沮丧，无论发生什么事情，无论你有多么痛苦，不要整天沉溺于其中无法自拔，不要让痛苦占据你的心灵。逆境来临时，我们要有勇气直面它、打倒它，以顽强的意志战胜它。

逆境看起来像是失败，其实却是一对看不见的智慧之手，强迫人们改变方向，向着另一个更有利的方向前进。人不管在怎样的条件下，都不应放弃对成功的追求。在顺境中，我们以舒畅的心情谋求成功；在逆境中，我们依然应当坚韧不拔地追求成功。

★ 西点训条

逆境看起来像是失败，其实却是一对看不见的智慧之手，强迫人们改变方向，向着另一个更有利的方向前进。

苦难之于人生，不是毁坏而是造就

谁都不能否认一个事实，很多西点人都经历过种种苦难，遭受过种种挫折和打击，这的确是人生的不幸。可是，人们也惊奇地发现，无数杰出的西点人都是从苦难中走出来的,正是苦难成就了他们,苦难对于他们来说,是上天的一种恩赐。

任何想成功的人,首先要学会的就是经历苦难。苦难与幸福是相反的东西,但它们有一个共同之处,就是都直接和灵魂有关,并且都牵涉到对生命意义的评价。在通常情况下,我们的灵魂是沉睡着的,一旦我们感到幸福或遭到苦难时,它便醒来了。苦难之为苦难,正在于它撼动了生命的根基,打击了人对生命意义的信心,因而使灵魂陷入了巨大痛苦中。一种东西能够把灵魂震醒,使之处于虽然痛苦却富有生机的紧张状态,应当说必具有某种精神价值。翻开历史,我们发现,在各行各业中成功的人,大都是在苦难的皮鞭驱策下而奋发向前的,是在想要改变自己命运的愿望导引下而不断向上的。

在一次聚会上,一些成功的实业家、明星谈笑风生,其中就有著名的汽车商约翰·艾顿。艾顿向他的朋友、后来成为英国首相的丘吉尔回忆起他的过去——他出生在一个偏远小镇,父母早逝,是姐姐帮人洗衣服、干家务,挣钱将他抚育成人。姐姐出嫁后,姐夫将他撵到了舅舅家。那时他在读书,舅妈规定他每天只能吃一顿饭,还得收拾马厩、剪草坪。刚工作时,他租不起房子,一年多都是在郊外一处废旧的仓库里睡觉……

丘吉尔惊讶地问:"以前怎么没有听你说过这些?"艾顿笑道:"正在受苦或正在摆脱受苦的人是没有权利诉苦的。"他又说:"苦难变成财富是有条件的,这个条件就是,你战胜了苦难并不再受苦。只有在这时,苦难才是你值得骄傲的一笔人生财富。别人听着你的苦难时,会觉得你意志坚强,值得敬重。但如果你还在苦难之中,你说什么呢?在别人听来,无异于就是请求廉价的怜悯甚至乞讨……这个时候你能说你正在享受苦难,在苦难中锻炼了品质、学会了坚韧吗?"

艾顿的一席话,使丘吉尔重新修订了他"热爱苦难"的信条。他在自传中这样写道:苦难,是财富还是屈辱?当你战胜了苦难时,它就是你的财富;可当苦难战胜了你时,它就是你的屈辱。

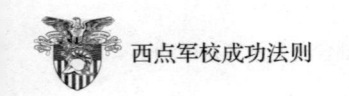

苦难是一种财富，我们正需要这样一笔财富。苦难变成财富是有条件的。这个条件就是，战胜了苦难并不再受苦。只有在这时，苦难才是一笔值得骄傲的人生财富，此时，再怎么说自己以前的苦难，他都不会自卑，反而有一种豪气；别人听过他的苦难，不觉得是听他念苦经，而觉得是听传奇，不会可怜他，轻视他，反而敬重他。

痛苦与灾难成就的个体生命，更能从生活的苦难中爆发出对生命幸福的寻找和对生活无限的期待与信心。苦难并非幸福的绝路，只要心中有爱、有希望、有信心，就能够与不幸、病痛"和平相处"，苦难就能够培育出智慧。有过苦难体验的人，都不会忘记在生活泥潭里奋力挣扎的情景。当你战胜苦难之后，这由苦难带来的痛苦往往也会变为千金难买的人生财富。在香港一场成功论坛中，一位听众请教亚洲首富李嘉诚："如何面对挫折和失败？""把苦难看成是上天的考验，凡事乐观以对！乐观是远离失败唯一的灵丹妙药！"李嘉诚铿锵有力地答道。

香港千亿富翁李嘉诚幼年丧父，家庭的重担由他一肩扛起。14岁时，迫于生计他不得不选择辍学，走上谋职一途。他好不容易在港岛西营盘的春茗茶楼找到一份担任服务生的工作。每天清晨5点左右，一般人都还在睡梦中的时候，他就必须提起精神从温暖的被窝中爬起，然后赶到春茗茶楼准备茶水及茶点。他每天的工作时间长达15小时以上。生活简直就是一场严酷的考验与磨炼。

舅父非常疼爱李嘉诚，为了让他能够准时上班，就买了一只小闹钟送给他。李嘉诚把闹钟调快了10分钟，以便能最早一个赶到茶楼开门工作。茶楼的老板对他的吃苦肯干深为赞赏，所以李嘉诚就成为茶楼中加薪最快的一位员工。

许多年后，曾有人问李嘉诚的成功秘诀。李嘉诚讲了下面这则故事：

在一次演讲会上，有人问69岁的日本"推销之神"原一平其推销的秘诀是什么，他当场脱掉鞋袜，将提问者请上讲台，说："请你摸摸我的脚板。"

提问者摸了摸，十分惊讶地说："您脚底的老茧好厚呀！"

原一平说："因为我走的路比别人多，跑得比别人勤。"

李嘉诚讲完故事后，微笑着说："我没有资格让你来摸我的脚板，但可以告诉你，我脚底的老茧也很厚。"

巴尔扎克："世界上的事情永远不是绝对的，结果完全因人而异。苦难对于天才是一块垫脚石，对于能干的人是笔财富，对于弱者是一个万丈深渊。"苦难能够打开我们的生命之窗，使我们一边进取，一边解缚，从而使潜能得以最大实现。

钻石最美的光泽是从一个个伤口发出的，珍珠的晶莹剔透是在黑暗中磨砺而成的。这多么像人生呀！苦难磨炼人生，苦难是上天的恩典。苦难之于人生，不是毁坏而是造就，不是惩罚而是拯救，特别的苦难其实就是特别的恩典。

★ 西点训条

苦难变成财富是有条件的。这个条件就是，战胜了苦难并不再受苦。只有在这时，苦难才是一笔值得骄傲的人生财富。

平静的湖面练不出精悍的水手

西点人豪迈地说道："青春，当与磨难同行！"无论你坐在宽敞的大厅还是躲在黑暗的角落，年轻的我们都应该明白：平静的湖面练不出精悍的水手，安逸的环境造不出时代的伟人。

《哈利·波特》的作者罗琳是西点学子最景仰的人之一，她在哈佛大学2008年毕业典礼上演讲说道："失败给了我内心的安宁，这种安宁是不会从一帆风顺的经历中得到的。失败让我认识自己，这些无法从其他地方学到。我发现自己有坚强的意志，而且，自我控制能力比自己想象的还要强，我也发现自己拥有比红宝石更珍贵的朋友。"

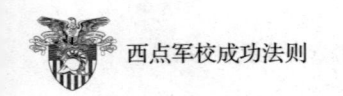

挫折确实可以使人精力耗竭、精神崩溃，乃至一蹶不振，但它也可以助人成熟，把人推向成功。一个人遭遇的挫折和磨难可能造成我们肉体及精神的痛苦、物质生活的贫困，却也并非一无是处。挫折和磨难可以增强一个人的意志，更好地挖掘生命本身的潜力。

汤姆·克鲁斯出身贫寒。他12岁时，父母离婚了，他与5个姐妹跟随母亲生活。汤姆·克鲁斯患有阅读障碍症。他的病症使他学习起来非常吃力，学过的东西又很难记住。尤其糟糕的是，他的病症在很长一段时间里没被察觉，后来才被母亲发现。于是，他被转到专为智力低下的孩子开设的"特教班"。因为这些，他很自卑，常常低着头，沉默寡言。

上中学时，汤姆·克鲁斯突然发觉自己爱上了电影，他开始尝试演一些戏剧。但导演们认为他表演时"热情得过了头"。1981年，他来到洛杉矶，获得一部情景剧中一个一闪即逝的小角色。1983年，他主演了4部电影，由于故事情节不佳和他表演的稚嫩，这些影片都非常失败。

在一连串的挫折中，汤姆·克鲁斯不断反思自身的不足，一步步克服自己的缺点和改进自己的演技。1986年，他在一部描写美国海军战斗机飞行员的影片《壮志凌云》中初获成功，成为一大批美国年轻人心目中的偶像。此后，他数度问鼎奥斯卡金像奖、美国电影金球奖。

汤姆·克鲁斯的经纪人保罗·瓦格纳说："克鲁斯从许多的迷雾和荆棘中发出光来。他不断绕开上帝设置的障碍，并改变自己。"

追求成功的过程中一定充满了挫折与失败。挫折是生活的组成部分，每个人都会遇到。社会间的万事万物，无一不是在挫折中前进的。即使是灾难也不足以让我们垂头丧气。有时候，可能一次可怕的遭遇会使我们备受打击，认为未来都失去了意义。在这种情况下，我们必须让自己相信：灾难也经常蕴涵着我们未来的机遇。

面对挫折，自强者终会知道这是人生路上必须搬开的绊脚石，更能从中体验到战胜困难、超越自我的快乐。奥斯特洛夫斯基说得好："人的生命似洪水在奔腾,不遇着岛屿和暗礁,难以激起美丽的浪花。"如果我们在挫折面前勇敢进攻,那么人生就会是一个缤纷多彩的世界。也正如巴尔扎克的比喻:"挫折就像一块石头,对弱者来说是绊脚石,使你停步不前,对强者来说却是垫脚石,它会让你站得更高。"

美国人克里斯托弗·里夫在电影《超人》中扮演超人而一举成名。但谁能料到,一场大祸会从天而降呢?

1995年5月27日,里夫在弗吉尼亚一个马术比赛中发生了意外事故,以致头部着地,第一及第二颈椎全部折断。5天后,当里夫醒来时,医生说不能够确保里夫能活着离开手术室。

那段日子里夫万念俱灰,许多次他甚至想轻生。出院后,为了平缓他肉体和精神上的伤痛,家人便推着轮椅上的他外出旅行。有一次,小车正穿行在落基山脉蜿蜒曲折的盘山公路上,里夫静静地望着窗外,发现每当车子行驶到无路的关头,路边都会出现一块交通指示牌:"前方转弯!"或"注意!急转弯"。而拐过每一道弯之后,前方照例又是一片柳暗花明、豁然开朗。山路弯弯、峰回路转,"前方转弯"几个大字一次次地冲击着他的眼球,也渐渐叩醒了他的心扉;原来,不是路已到了尽头,而是该转弯了。他恍然大悟,冲着妻子大喊一声:"我要回去,我还有路要走。"

从此,里夫以轮椅代步,当起了导演。他首席执导的影片就荣获了金球奖;他还用牙关紧咬着笔,开始了艰难的写作,他的第一部书《依然是我》一问世就进入了畅销书排行榜。与此同时,他创立了一所瘫痪病人教育资源中心,并当选为全身瘫痪协会理事长。他还四处奔走,举办演唱会,为残障人的福利事业筹募善款,成了一个著名的社会活动家。

最近,美国《时代周刊》报道了里夫的事迹。在这篇文章中,他回顾自己的心路历程时说:"以前,我一直以为自己只能做一位演员;没想到今生我还能做导演、当作家,并成了一名慈善大使。原来,不幸降临的时候,并不是路已到了尽头;而是在提醒你:你该转弯了。"

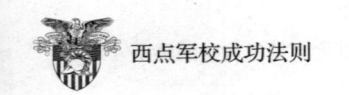

磨难使强者认识了真正的人生，真正的人生需要磨难，因为他们知道，没有磨难的人生是空白的人生。磨难对真正的强者来说是一笔人生财富，它把强者的人生意志砥砺得更加顽强。有了一次次磨难，你便会增加战胜凄风苦雨、冷霜冰雪的力量，去创造你的价值，辉煌你的人生。

学会面对挫折，也是生命的一种馈赠，因为人们真正的奋起，往往起于挫折之后。芸芸众生，没有谁的一生是一帆风顺的，每一个人都会在人生的道路上遇到大大小小的挫折。而正是这些大大小小的挫折谱就了人生这首平凡而又动听的歌。

★ 西点训条

人们真正的奋起，往往是在遭遇挫折之后。正是一些大大小小的挫折谱就了人生这首平凡而又动听的歌。

绝境是你改变命运的好机会

西点课堂上有这样一个案例：有一只小鹰，从小跟着鸡群一起长大，不用为寻水觅食而奔波，小鹰也一直以为自己是一只不会飞的小鸡。有一次，小鹰从悬崖上掉下去，就在急速坠落的过程中，它扑棱扑棱翅膀，在坠地之前竟突然飞起来了，这是为什么呢？是因为在绝境中小鹰的天性被激活了，恢复了。

人生之所以有绝境，是因为你要突破、要挑战。绝境是你错误想法的结束，也是你选择正确做法的开始。你不在绝境中发迹，就会在绝境中沦落。处在绝望境地的奋斗，最能启发人潜伏着的内在力量；没有这种奋斗，便永远不会发现真正的力量。

1967年夏天，美国跳水运动员乔妮·埃里克森在一次跳水事故中身负重伤，除脖子之外，全身瘫痪。乔妮从此被迫离开了那条通向跳水冠军领奖台的路。她曾经绝望过，但最后她拒绝了死神的召唤，开始冷静思索人生的意义和生命的价值。

乔妮领悟到：我是残了，但为什么不能在另外一条道路上获得成功？于是，她想到了自己中学时代曾喜欢画画。于是，这位纤弱的姑娘捡起了中学时代曾经用过的画笔，用嘴衔着，练习开了。她经常累得头晕目眩，汗水把双眼弄得咸咸地辣痛，甚至有时委屈的泪水把画纸也淋湿了。

好些年头过去了，乔妮的辛勤劳动没有白费，她的一幅风景油画在一次画展上展出后，得到了美术界的好评。

乔妮又想到要学文学。因为曾有一家刊物向她约稿，要她谈谈自己学绘画的经过和感受，她用了很大力气，可稿子还是没有写成，这件事对她刺激太大了，她深感自己的写作水平太差，必须一步一个脚印地去学习。

终于，又经过许多艰辛的岁月，这个美丽的梦终于成了现实。1976年，乔妮的自传《乔妮》出版了，轰动了文坛，她收到了数以万计的热情洋溢的信。两年后，她的《再前进一步》一书又问世了，该书以作者的亲身经历告诉残疾人，应该怎样战胜病痛，立志成才。后来，这本书被搬上了银幕，影片的主角由她自己扮演，她成了青年们的偶像，成了千千万万个青年自强不息、奋进不止的榜样。

人生境界就是如此。在生命的过程中，无论是爱情、事业还是学问，你勇往直前，到后来竟然发现那是一条绝路，没法走下去了，山穷水尽、悲哀失落的心境难免出现。此时不妨往旁边或回头看看，也许有别的通路；即使根本没有路可走了，也可以往天空看看。虽然身体在绝境中，但是心还可以畅游太空，体会宽广深远的人生境界。

生命是属于你的，你应该根据自己的愿望去生活。要永远坚信这一点：一切都会变的，无论受多大痛苦，心情多么沉重，都要坚持住。太阳落了还会升起，不幸的日子总会有尽头，过去是这样，将来也是这样。

孩童时代，他相貌丑陋，患有严重的口吃。因为疾病，他左脸局部麻痹，嘴角畸形，一只耳朵失聪。他曾极度自卑过，但他更有奋发图强的决心。

别的孩子在玩具堆中度过快乐的童年时光，他则在茫茫书海中找到颠簸前

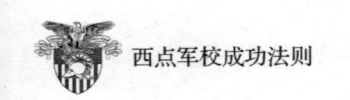

行的舟；别的孩子嚼得香甜的是巧克力，他却把书读得津津有味；别的孩子疏远了他，他就在大人们的读物中找到促膝而谈的智者。更重要的是，他用书本上的知识磨砺了自己的坚强品质。

为了矫正口吃，他嘴里含着小石子练习讲话，他要证明：柔软的舌头比石子和口吃的顽疾更坚韧！

他以优异的成绩中学毕业，赢得周围人的敬佩和尊重。母亲为他找到一份不错的工作，"希望你能像平常人一样平安地度过一生"。他拒绝了，语调铿锵地对母亲说："妈妈，我要做一只美丽的蝴蝶。"

他挣脱身上束缚的茧，事业上颇有建树。1993年他参加总理竞选，对手居心叵测地利用电视广告夸张他的脸部缺陷，对他进行侮辱和攻击。他用讲话时总是歪向一边的嘴巴郑重承诺："我要带领国家和人民成为一只美丽的蝴蝶。"以后这句竞选口号成为人们广为传诵的名言。

他就是加拿大第一位连任两届、被人们亲切地称为"蝴蝶总理"的让·克雷蒂安。

每一只美丽的蝴蝶，都是自己冲破束缚它的茧之后才变成的。挣破禁锢的茧的蝴蝶是美丽的，克雷蒂安冲破了疾病、嘲讽和攻击的痛苦，最终放飞了生命中最美丽的"蝴蝶"。其实，我们经常被围困在命运之茧中：出身卑微，一文不名，屡遭苦难，屡战屡败……无论"茧"多么密集和厚重，我们都要用整个身心去穿越！

如果你已经成功了，你要由衷感谢的不是你的顺境，而是你的绝境。当你陷入绝境时，就证明你已经得到了上天的垂爱，将获得一次改变命运的机会。如果你已经走出了绝境，回首再看看，你会发现，自己比想象的要伟大，要坚强，要聪明。

绝境仅是一段距离、一个门槛和一次洗礼，同样也是一次转折、一次醒悟和升华。在绝境中你往往会突破骨髓与血液中的樊篱，超越与俗人甚至包括你自己所见不同的常规，书写连你自己都不曾想过的神话。所以，绝境才是你的资本、你的证明。

> **西点训条**
>
> 绝境同样也是一次转折、一次醒悟和升华。在绝境中你往往会突破樊篱，超越常规，书写连你自己都不曾想过的神话。

第07章

生而为人有原则,恪守诚信好品格

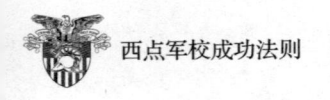

你应具有强烈的原则意识

在社会生活中，不管干什么，都要有自己的原则。这里的原则既包括办事的方法，也包括为人处世的立场、主见。如果一味地迁就、顺从别人，实际上是软弱的表现。过于软弱，就会逐渐失去自信力，而没有自信的人是很难成就什么大事业的。马修·李奇微将军表达了同样的观点。他说："西点军校一直是美国陆军高尚道德精神的无穷无尽的源泉，是陆军军官中的西点毕业生，把这种精神反复灌输给了全体军官军士。我认为，再没有什么别的东西可以代替这种道德力量。我们绝不能为向某种低下的社会道德让步而放弃西点军校的荣誉道德准则。"

西点毕业生、康帕斯（Compass）集团总裁约翰·克里斯劳说："我以前的一个室友违反了荣誉准则。当他把所做的事告诉我时，我并没有网开一面，而是告发了他。这并不是由于我不在乎他，相反我深深地关心他。但我知道，与他被给予第二次机会相比，原则更为重要。我当时18岁，我知道我首要的责任是坚守荣誉的原则。"

2002年获诺贝尔和平奖的美国总统吉米·卡特入主白宫前，当过海军军官、农场主和佐治亚州州长。执政时尽管他的决策并不完全尽如人意，但是，他的个人品格和工作作风还是赢得了美国人民的广泛赞誉。

吉米·卡特在读中学的时候，班主任朱莉娅·科尔曼小姐关爱她班上的每一个学生。她告诉他们："我们应该随着时代的变迁而调整自我，但是我们信守的原则是不变的。"朱莉娅小姐当年所要告诉学生们的是，我们应该时时分析新情况，然而无论是在选择相守终生的伴侣还是在艰难时刻、考验时刻或是遇到诱惑须做出困难的决定时，我们都不仅要适应这些新的挑战，还应该坚守我们所学到的某些原则，例如公平、正直、忠诚等。

长大以后，卡特对朱莉娅小姐的话有了更深的理解，并始终坚守从朱莉娅小姐那里所学到的基本原则。在总统就职演说中，他引用了朱莉娅小姐的话："随着时代的变迁而调整自我，但信守不变的原则。无论我们面临着多么大的困难，我都决心让我自己和美国人民信守真正的正义与真理的信仰。"

吉米·卡特总统善于反躬自省，总是乐于面对自己的缺点，并设法自我改正。卡特十分勤奋而又能自律，同时坚信积极思考的力量。"他是个最守纪律的人！"卡特的朋友们众口一词地这样评论他。

卡特对那些没有尽最大努力的人常常不能容忍。在他任州长时，有一次，他因公和一位佐治亚州的专员同机外出。早晨7点钟，卡特已在飞机上等候了，只见那位专员正匆匆忙忙地在亚特兰大航空站的跑道上奔跑而来。这时飞机正好滑行到跑道上，卡特虽然看到了那个人，但还是命令驾驶员准时起飞。"他不能按时到达这里，这实在太遗憾了。"他厉声地说。

从他在佐治亚农场的儿童时代到他担任州长，卡特一直具有超人一筹的决心。他在竞选之初就着手写他的自传，起名为《为什么不是最好的》。进入白宫后，他继续坚持对他本人和国家提出高标准要求。他一直是像在就职演说中宣称的那样去做的："我们知道'多些'未必就是'好些'，即使我们这个伟大的国家也有其公认的局限性；我们既不能回答所有的问题，也不能解决所有的问题……总的来说，我们必须有为了共同的利益而牺牲个人的精神，去尽我们最大的努力把事情做好。"

一个积极主动、忠诚敬业的人，也必定是一个具有强烈原则观念的人。可以说，原则、纪律，永远是忠诚、敬业、创造力和团队精神的基础。判断一个人的人品如何最重要的一个标准是，在关键的时刻能否坚持原则。著名西点学子、前美国第十八任总统格兰特说："非常情况下能否坚持原则，常常是判断一个人道德水准的重要依据。"

马歇尔是西点人的偶像。从马歇尔的一生可以看出，恪尽职守的精神一直

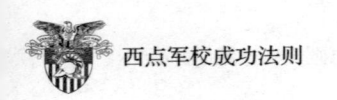

是他不竭的动力源泉。第二次世界大战时的盟军总参谋长马歇尔是一个"国际组织者"，他之所以能胜任这个工作，很大程度上是因为他的不偏私。

马歇尔的小儿子艾伦在北非服役，马歇尔特地给当地长官打招呼，不要因为他的关系而给艾伦以任何照顾。妻子凯瑟琳抱怨说，这对他不公平。马歇尔说，这没有办法，他不能让人们怀疑参谋长为自己的儿子谋取好处。

1944年5月29日，艾伦不幸在一个名叫韦莱特里的小村被一名德国狙击手击中身亡。在儿子的追悼会上，马歇尔只能握着媳妇的手老泪横流。

马歇尔的长子克里夫顿也在北非服役，他原本就有脚病，因此想请假回国治病，并乘机调至意大利。马歇尔闻讯后大怒，立即给驻阿尔及利亚的斯特耶将军去信说："他在那里还不到一年。我不给张三李四办的事，也绝不给他办。成千上万的军官已在海外服役两年以上，其中有些人多次患病，要求回国，给国家造成很大压力，我绝不能为我自己的亲人开后门。"

克里夫顿的事就这样被卡住了。

做人不能没有原则，更不能一味地迁就、顺从别人。没有原则的人还往往禁不住他人的诱惑，经别人三言两语一劝，防线马上就崩溃了。人人应该坚持自己的原则，不要轻易改变立场。在坚持原则的基础上，我行我素，"你有千条妙计，我有一定之规"，以此来抑制那些企图诱惑你、改变你的人。坚持原则是一种值得特别关注的性格品质，它贯穿于模范地履行职责和个人行为的所有方面。当你具有强烈的原则意识，在不允许妥协的地方绝不妥协，在不需要借口时绝不找任何借口，工作会因此有一个崭新的局面。

★ 西点训条

做人不能没有原则，更不能一味地迁就、顺从别人。判断一个人的人品高下，最重要的一个标准就是，在关键的时刻能否坚持原则。

品格比金钱、权势更有价值

自1898年西点军校把"职责、荣誉、国家"正式定为校训以来，西点军校特别重视对学员品德的培养。他们反复强调，西点仅培养领导人才是不够的，必须是"品德高尚"的领导人才。一位商界的西点人士，对于西点的独特之处曾这样说："美国前五百大企业是教给人伦理，而西点是教给人品德。"

西点要求学员具有良好的个人品德，这是当学员时或成为军官后，在下级、同事和上级心目中树立自己良好形象的基础。美国陆军军官的个人品德，是使美国公民确信哪里有陆军哪里就有安全的根本原因。西点学员的个人品德，更是他们学有所成、按时毕业、获得好评的保障。

西点的领导者认为，学员要成为军官，应该也必须赢得别人的尊敬，得到别人全心全意的合作，才有可能完成肩负的使命。作为军官队伍中的一员，将来你也许会发现，"你必须做出关于民族存亡、民众安危的决定。对民族的生存和安全来说，每个军官的个人品德和行为品德都是至关重要的"。

西点对个人品质的要求很高，它要求学员能够严于律己，认清正确的道路，并沿着它走下去。他们在做出决定或选择前，首先要收集和分析各种事实，使自己的行为变得公正合理。他们做出的任何决定都应当客观公正，不从个人好恶出发，不图私利，不掺杂情感因素。如果犯了错误，他应勇于正视，主动承担责任，不可推诿。如果荣誉应属于别人，就不要去争，要有气度和胸怀。一句话，西点人做事应当光明磊落，问心无愧。这是锻造个人形象的根本之道。

西点军校1929年的毕业生乔治·林肯，38岁就成了陆军准将。战争结束后的1947年，已经是少将的林肯，完全可以向马歇尔将军要求美军中的任何一个职务和岗位。但他竟出人意料地主动要求去西点军校的社会科学系教书，级别相当于副主任。西点的系副主任至多只能是上校军衔，林肯为了能到西点社会

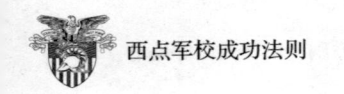

科学系任职，不惜向上级要求连降两级，从少将变成上校。马歇尔再三劝阻无效后，只得批准了林肯的请求。这段"能上能下"的佳话，的确显示了林肯为了追求理想抛弃名利地位的卓越品格。后来林肯在西点社会科学系主任的职位上又升为准将。故林肯楼里，有关林肯的记载和牌匾都一直称他为林肯准将。

人人都在以不同的方式追求成功，但绝不能靠投机取巧求名利，不能靠掺杂使假骗钱财，不能靠连跑带送谋官位，而必须靠高尚的品行立身做人。马登在《伟大的励志书》中写道："每个人的一生，都应该有一些比他的成就更伟大，比他的财富更耀眼，比他的才华更高贵，比他的名声更持久的东西。"这个东西就是高尚的品格，达到此境界便是做人的成功，而且是人生真正的最大的成功。

西点把培养学员的品格放在首位。正直被西点认为是一名军人的核心品格，并且恰恰是现在许多年轻人所缺乏的。成为西点的学员之后，长官都会多次强调正直谦逊的品格。没有正直的品格就可能背叛，没有正直的品格就没有个人的荣誉。

西点需要正直，正直是一个人内心最高贵的品格之一，有了它才有了荣誉、幸福与成功的可能。一个正直的人因为有正义在他的身后做其坚强的后盾，所以能无畏地面对世界。西点学子美国第三十四任总统艾森豪威尔说："要做正确的、该做的事，而不是能够赢得别人赞赏的事。"

手术室里，一位年轻的护士第一次跟一位著名的外科医生合作，并且担任责任护士。手术进行了很久，在即将缝合时，女护士严肃地对医生说："我们手术总共用去了15块纱布，可我只见您取出了14块。"

医生摇摇头："纱布一块也没漏下，别耽搁时间了。"

"不！"女护士执拗地说："肯定用了15块，还有一块没取出来，我们不能缝合。"医生不予理睬，对其他人说道："手术一切正常，现在听我的，快缝合。"

"您不能这样，"女护士叫了起来，"我们得为病人负责。"

医生脸上忽然露出一丝笑容，他现出了一直捏在左手心的第15块纱布。

"从今以后，你就是我的正式助手。"医生高声对年轻的护士说。

汤姆斯·麦考莱说："在真相肯定无人知晓的情况下，一个人的所作所为，能显示他的品格。"你必须懂得：自己不要随意放纵自己，不要轻易向各种诱惑低头，坚持自己的方向与计划，管理好自己的人生。否则，你很可能因为贪图眼前的"一点点安逸享受"而损失掉生命中真正的财富。

任何人都应该懂得：品格是一生最重要的资本。无论你出身高贵还是低贱，都无关宏旨。但你必须有做人之道。每个年轻人都希望获得事业上的成功。总结许多杰出人士走过的道路，你会看到，他们遭受失败的原因可能千差万别，成功的经历却大多一致：那就是他们在年少时便养成了达到巨大成功的美德，为日后的纵横四海打下了坚实的基础。李嘉诚曾戏言自己不是"做生意的料"，因为他觉得自己不会骗人，不符合中国人无商不奸的标准，令人感叹的是，偏偏是他做成了全亚洲独一无二的大生意。

有做人品格，这是比金钱、权势更有价值的东西，也是一个人成功最可靠的资本。有品格的人生，是高贵向上的；丢弃了品格的人生，是卑微低下的。只有勇于坚持自己原则的、有品格的人才不会在迷茫或是困境中迷失自己的方向。而一旦丢弃了品格，那就等于丢弃了一切，即使这个人有着万贯家产，也将得不到他人的认同与尊重，更不可能实现自己对幸福和成功的愿望。

西点训条

有品格的人生是高贵的；丢弃了品格的人生是低下的。有做人品格，这是比金钱、权势更有价值的东西，也是成功的最可靠资本。

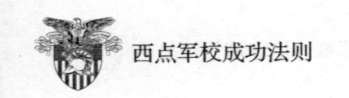

诚实是生活美好的长久之策

在西点，让所有西点人最感到自豪的就是著名的西点"荣誉准则"——"一个军校生绝不撒谎、欺骗和偷盗，也绝不能容忍任何人的这种行为"。在这个"四不"最低标准之上，西点军校生无论何时，无论何事，都不能有任何撒谎、欺骗、偷盗和剽窃行为，还必须随时报告战友的任何"不道德"行为。如果知情者在24小时内不报告，一旦发现就会被视为同罪。西点军校公关部主任詹姆斯·威利中校举例说，学员在撰写论文时，如果不在脚注中对一些被引用的观点和文字加以说明的话，一经查出，轻者要被严厉批评，重者则被勒令退学。

西点的学员都把荣誉看得十分重要。西点新生一入学，就要首先接受16小时的荣誉教育。西点有一系列的荣誉课程，让学生明白在日常生活中如何遵守《荣誉守则》，如何从最基本的地方做起。

例如，一个新生走在走廊上，突然碰到学长问他："你早上有没有刮胡子？"问题来得太过突然，但是他知道必须立刻回答，他眼前浮现了自己一脸泡沫的样子，于是回答说："报告学长，有。"但是事实上，他想起的影像是前一天刮胡子的情景：18岁的青年并不需要天天刮胡子。然而，他所犯的错并不是存心欺骗，所以不叫说谎。尽管他并没有真的违反《荣誉守则》，学长和其他军官还是会希望他事后能够承认自己弄错了。勇于认错，知错能改，才是真正的修养。

这样一点小小的无心之过，根本没有欺骗之心，何必如此小题大做呢？原因就在于，如果一个人无须面对自己的错误，无须为自己的错误负责，将来就更有可能故意地说谎，而且会自圆其说，并认为这样做理所当然。西点人常说："诚实是最好的政策。"唯诚可以破天下之伪，唯实可以破天下之虚。诚实代表着一种非凡的勇气，是力量的象征，代表把握正义和真理的责任和良心。诚实是完整人格的基本要素，无论自己身处何种环境之中，都不要放弃我们诚实的天性。诚实比一切智谋更好，它是智谋的基本条件。

著名演员成龙出生在香港一个贫困家庭，很小就被家人送到戏班。按照旧时梨园行的规矩，父亲同戏班签了生死状，在约定期限内，他的生杀大权都在师傅手中。戏班里的管教异常严厉，他在师傅的鞭子与辱骂下练功，吃尽苦头。时间不长，他就偷偷跑回了家，父亲勃然大怒，坚决叫他回去："做人应当信守承诺，已经签了合同，绝不能半途而废。咱人虽穷，志不能短！"他只好重新回到戏班，刻苦练功，这一练就是十几年。

22岁时，成龙终于学有所成。由于学得一身好功夫，为人厚道，几年下来，他逐渐担当了主角，还小有名气。有一天，行业内的何先生约他出去，请他出演一个新剧本的男主角，"除了应得的报酬，由此产生的10万元违约金，我们也替你支付。"何先生说完强行塞给他一张支票，匆匆离去。

成龙仔细一看，支票上竟然签着100万元，好大一笔巨款！他从小受尽苦难，尝遍艰辛，不就是盼望能有今天吗？可转念一想，如果自己毁约，手头正拍到一半的电影就要流产，公司必将遭受重大损失。于情于理，他都不忍弃之而去。

一宿难眠，次日清晨，成龙找到何先生，送还了支票。何先生很是意外，成龙则淡淡地说："我也非常爱钱，但是不能因为100万元就失信于人，大丈夫当一诺千金。"

公司得知后非常感动，主动买下了何先生的新剧本，交给成龙自导自演。就这样，他凭借电影《笑拳怪招》，创造了当年票房纪录，大获成功。

在一次电视访谈中，成龙回忆起这些往事，感慨万千，深情地说道："如果当初我背信弃义，从戏班逃走，没有这身过硬的武功，或者为了得到那100万元一走了之，我的人生肯定要改写。我只想以亲身经历告诉现在的年轻人，金钱能买到的东西总有不值钱的时候，做人就应当诚实守信，一诺千金。"

在商场上、职场上，我们都需要聪明，但绝不能缺少诚实。没有聪明，常

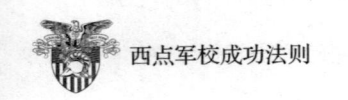

常就难以想到好的办法；没有真诚，往往就会失去人们的信任。只有真诚加上聪明，我们的奋斗才可能是道德的，人生也才会是成功的。

为了得到名誉、权力、金钱或者爱情，很多人昧着良心说话，以为欺骗就可以得到幸福。其实，撒谎就像栅栏，幸福会从缝隙匆匆而过，只留下悔恨的痕迹。欺骗也许能得一时之利，却不能维持长久。如果你的欺骗被人看出，即使以后你真的有诚意，仍会被认为是另一种姿态的虚伪。

要做一个诚实的人，只有诚实才能看清自己的未来，触摸到幸福的温馨。诚实是力量的一种象征，它显示着一个人的高度自重和内心的安全感与尊严感。敷衍人只能一时，而诚实却是长久之策。走正直诚实的生活道路，定会有一个问心无愧的归宿。

★ 西点训条

敷衍别人只能一时，而诚实却是长久之策。走正直诚实的生活道路，定会有一个问心无愧的归宿。

证明自己最好的方式就是去承担责任

西点的校训："责任、荣誉、国家"，正是西点最核心的理念所在，激励着一代又一代的西点人竭尽所能去报效祖国，也是影响美国200年国运的三个关键词。

在西点，无论教官还是学员，都具有坚固的信念，他们坚信：没有责任感的军官不是合格的军官，没有责任感的经理不是合格的经理，没有责任感的公民不是好公民。责任感，无论是对自己、对国家、对社会，还是对民族，任何时候都是不可或缺的。

1962年6月麦克阿瑟在西点发表演说，清楚地阐述了西点的荣誉责任观："诸位是西点所培养的伟大将领和军事精英，肩负着战时的全国命运。这一长列穿着灰色制服的军士，从没有辜负国人的期许。倘若你们辜负国人的期许，立刻会有上百万的军魂,穿着草黄色、棕色、蓝色、灰色制服的军魂,从白色十字架下翻身起来,对着你们齐声高喊'责任、荣誉、国家'。"

西点人十分强调学员责任感的培养。学员无论在什么时候,无论穿军服与否,在西点内还是外,无论是担任值勤或宿舍值班员,都有义务、有责任履行自己的职责,而这一出发点不是为了获得奖赏或逃避惩罚,是出自内在的责任感。一进入西点,学员就接受了与职务相符的所有特权,也必须承担应尽的义务。摆在学员面前最棘手的标准是"不容忍"条款。这一条款每天都提醒学员记住,要承担起神圣的职责,它远高于个人感情或友情。

对于只想随心所欲生活的人而言,承担责任会让他毫无头绪的人生变得目的鲜明,让他在人生之旅上迈出的每一步都有意义。西点军校5月27日举行2006年度毕业典礼,取得全年级第一名成绩的毕业生是21岁的华裔女学生刘洁。刘洁说,她之所以能够取得这样的成绩,要感谢老师,以及所有指导她的人。"我从来不是个外向的人,"刘洁说:"正是在西点军校,我学会站起来,学会承担责任。"

西点人的责任意识是所有人所公认的。西点人对待自己的任务或是工作的那种强烈的责任感是一种无价之宝。责任感是一种使命,没有了责任,那一切都只是空谈。人生所有履历都排在勇于承担责任的精神之后。西点强调:没有做不好的事情,只有不负责任的人。想证明自己的最好方式就是去承担责任。不管做什么事情,都要时刻记住自己的责任,无论在什么样的工作岗位上,都要对自己的工作负责。

沃尔特·克朗凯特是美国著名的电视新闻节目主持人,他从孩提时代就开始对新闻感兴趣。并在14岁的时候,成为学校自办报纸《校园新闻》的小记者。

休斯敦市一家日报社的新闻编辑弗雷德·伯尼先生,每周都会到克朗凯特所在的学校讲授一个小时的新闻课程,并指导《校园新闻》报的编辑工作。有一次,克朗凯特负责采写一篇关于学校田径教练卡普·哈丁的文章。由于当天

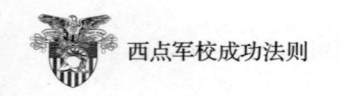

有一个同学聚会，于是克朗凯特敷衍了事地写了篇稿子交上去。第二天，弗雷德把克朗凯特单独叫到办公室，指着那篇文章说："克朗凯特，这篇文章很糟糕，你没有问他该问的问题，也没有对他做全面的报道，你甚至没有搞清楚他是干什么的。"接着，他又说了一句令克朗凯特终生难忘的话："克朗凯特，你要记住一点，如果有什么事情值得去做，就得把它做好。"在此后七十多年的新闻职业生涯中，克朗凯特始终牢记着弗雷德先生的训导，对新闻事业忠贞不渝。

1963年9月，克朗凯特报道了一个关于约翰·肯尼迪总统在得克萨斯州的达拉斯遇刺的消息。整个美国都在观看这一报道，整个国家都看着这同样的一幕，整整三天，三大新闻网没有报道其他任何消息，只有总统身故，以及为肯尼迪总统举行的葬礼的最后之旅的报道。整整三天没有任何商业广告，是美国无法忘记的关于尊严的一幕。自此以后，美国人授予克朗凯特一种荣誉——接受他播报的任何新闻，无论好坏。

克朗凯特总是为公民了解世界上到底发生了什么的权利和责任呼号。他为读者、同时也为记者坚守着一种单纯的道德准则。记者关心的不是权力的自高自大。克朗凯特的职业生涯证明了一点：一个优秀的记者只有一件事要做——讲述真相。导演西德尼·鲁梅特说："对我而言，他是在一个最容易堕落的行业里最不同流合污的人。"这就是克朗凯特期望的一切，而他做到了。

由此可见，责任不是只会压弯人脊梁的重担，更不是只会阻碍人前行的负累。承担责任会让人得到锻炼，责任不会压垮人，反而会让人知道如何接受命运给人的考验，让他软弱的肩膀变得坚强起来。人们永远尊重尽职尽责的人。哲人曾说过："当我们尽职尽责时，不管结果如何，我们都赢了。"

一个人无论从事何种职业，都应该尽心尽责，尽自己最大的努力，取得不断地进步。这不仅是工作的原则，也是人生的原则。如果没有了职责和理想，生命就会变得毫无意义。无论你身居何处，即使在贫穷困苦的环境中，如果能尽职尽责地工作，最后就会获得成功和快乐。

★ 西点训条

没有做不好的事情，只有不负责任的人。想证明自己的最好方式就是去承担责任。无论在什么样的工作岗位上，都要对自己的工作负责。

第08章

做好把握住机会的准备，并且能够抢占先机

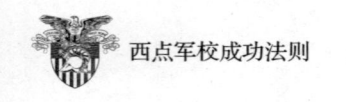

聪明地斟酌，果断地决定

西点人认为："任何事情只要你认为是正确的，事前切勿顾虑过多，最重要的是，拿出勇气全力冲过去。过分的谨慎，反而成不了大事。"

一位西点的空军飞行员说："第二次世界大战期间，我独自驾驶一架F6战斗机。头一次任务是轰炸、扫射东京湾。从航空母舰起飞后，飞机一直保持高空飞行，然后以俯冲的姿态滑落至目的地约90米的上空执行任务。

"然而，正当我以风驰电掣的姿态俯冲时，飞机左翼被敌军击中，飞机顿时翻转过来，并急速下坠。

"在我接受训练期间，教官一再叮咛说，遇到紧急情况要沉着应对，切勿轻举妄动。飞机下坠时，我就只记得这一句话，因此，我什么机器都没有乱动，我只是静静地想，静静地等候把飞机拉起来的最佳时机和位置。最后，我果然幸运地脱险了。假如我当时顺着求生的本能，未等到最佳时机就胡乱操作，必定会使飞机更快下坠而葬身大海。一直到现在我还记得教官那句话：'不要轻举妄动而自乱阵脚，要冷静地判断，抓住最佳的反应时机。'"

在生活中不论要干什么，都要把握住适当的分寸和尺度，所谓"该出手时就出手"。一旦错过了最好的时机，你可能会一无所得。在两难的抉择中，敢于决断是一个人成功的关键。假如我们面对选择时犹豫不决，无法果断地做出决定，将会一事无成，甚至有可能会埋下祸根，为自己带来一连串失败的打击。

1990年，在温布尔登举行的网球锦标赛女子组半决赛中，16岁的前南斯拉夫选手塞莱丝与美国女选手津娜·加里森对垒。随着比赛的进行，人们越来越清楚地发现，塞莱丝的最大对手并非加里森，而是她自己。赛后，塞莱丝垂头丧气地说："这场比赛中双方的实力太接近了，因此，我总是力求稳扎稳打，只敢打安全球，而不敢轻易向对方进攻，甚至在加里森第二次发球时，我还是不敢扣球求胜。"

而加里森却恰恰相反，她并不只打安全球。"我暗下决心！鼓励自己要敢于险中求胜，绝不能优柔寡断，犹豫不决。"津娜·加里森赛后谈道，"即使失了球，我至少也知道自己是尽了力的。"结果，加里森在比赛中先是领先，继而胜了第一局，后来又胜了一局，最终赢得了全场比赛。

在人生的棋盘上，起手无悔实在是成功人生的第一课。许许多多的失败者，事前的犹豫就已注定了事后的追悔莫及。能否抓住机遇取决于我们是否足够果断。在犹豫不决中丢失的机会比真正错过的还多。只有敢于决断，敢于行动，才能够成功。

对于每一个人来说，如果没有果断决策的能力，那么他的一生，就像浩瀚大海中的一叶孤舟，只能永远漂浮在狂风暴雨的汪洋大海里，永远达不到成功的彼岸。一个人在做事之前，首先应该保持冷静的头脑，对自己所要做的事情有一个正确的判断。盲目行事，是导致许多人失败的一个重要原因。而那些最终能够突破人生的难关，赢得成功的人，大都有着一个共性：能够在正确的决策之下，勇敢果断地行事。

1957年，松下果断放弃研究了长达5年的大型计算机项目。这个消息的传出令所有人都十分震惊，因为当时松下已经对此投资了约15亿日元，而且他们的两台样机也十分先进，很快就能大规模投入生产，推向市场了。那么，松下为何放弃这样一个已经接近成功的项目呢？

在松下放弃这项研究前，美国大通银行的副总裁曾到松下访问，谈话中不觉就把话题转到电子计算机上。当副总裁听到日本目前包括松下在内，共有七家公司生产电子计算机时，吓了一跳。他说："在我们银行贷款的客户当中，大部分的电子计算机部门的经营似乎都不顺利，而且他们之所以能够生存下去完全是依靠其他部门的财力支持，几乎所有的计算机部门都发生了赤字。就拿美国的现状来说，除了IBM公司外，其他的公司都在慢慢紧缩对计算机的投入。而日本竟然有七家这样的公司，未免太多了一点。"

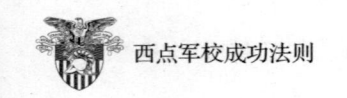

副总裁走后，松下对副总裁给的消息进行了仔细的考虑，最后得到的结论是：决心从大型电子计算机研究上撤出。因为松下的大型计算机项目在接下来的科研、生产及市场推广方面还需要投入近300亿日元，如果现在放弃虽然损失15亿日元，但是这个决定避免了300亿日元的损失。这个决定使松下更加专注于对电器和通讯事业的发展，使松下慢慢成为电器王国的领头羊。

在你决定某一件事情之前，你应该运用全部的常识和理智慎重地思考。如果发现好的机会，就必须抓紧时间，马上采取行动，才不至于贻误时机。如果犹豫、观望而不敢决定，机会就会悄然流逝，后悔莫及。唯有那些先聪明地斟酌，再果断地决定，然后坚定不移地去行动的人，才能在事业上做出卓越的成绩。

当然，这种在两难中做出选择的勇气，必须以敏锐的洞察力为基础。如果没有经过思考，没有看清问题，就盲目地做出决断，不但无助于成功，相反可能会使你损失惨重。要知道，没有经过慎重思考，盲目决定的勇气只是匹夫之勇。你若想成为一名非同凡响的角色，你就必须学会在两难的选择中敢于决断，敢于行动。

★ 西点训条

任何事情只要你认为是正确的，事前切勿顾虑过多，最重要的是，拿出勇气全力冲过去。过分的谨慎，反而成不了大事。

当机会来临的时候，立即行动

1980届西点毕业生、西点军校前校长佛雷德·斯莱登说："在人生的战场上，幸运总是光临到能够努力奋斗抢占先机的人身上。"

对军人来说，时间就是生命，错过1分钟可能造成整个战役的失败。西点军校对守时有着严格的规定，在任何时候，迟到都会受到最严厉的惩罚，最严重时会被开除。西点军人在用他们的行动一再提醒我们，准时意味着胜利，准时意味着成功。

可以说，西点军人对时间的教训来自拿破仑的经验。西点有一个约定惯例，即在有学员迟到的时候，就会主动背诵拿破仑因晚了1分钟而兵败滑铁卢的故事。拿破仑十分珍惜时间，他知道，每场战役都有"关键时刻"，能否把握住这一时刻决定战争的胜败，稍有犹豫就会导致灾难性的结局。拿破仑说，奥地利军队之所以不敌法国军队，是因为奥地利军人不懂得1分钟的价值。同样，历史毫不留情地在拿破仑身上重演，在滑铁卢战役中，拿破仑自己就因为晚了1分钟而被敌人打败，就因为这短短的1分钟，拿破仑被送到了圣赫勒拿岛上，成了阶下囚。

无论做什么事情，速度问题不解决，是绝对不会成功的。尤其在战争中，形式的转变往往在几分钟之内发生。在西点军校，每个学员都知道，速度是作战的关键因素，也是各种战略战术成功实现的根本保证。历史一次次地证明，在许多战争中，能够获胜的真正原因，或许往往就是比敌人仅仅早到达目的地几分钟而已。

这是西点军校的课堂上经常引用的一个经典的战斗故事：

有两军交战，先头部队的指挥官同时接到上方指示，争取一个荒废已久却具有战略价值的碉堡。

军机刻不容缓，两军指挥官立即命令开拔，以超越急行军的速度，赶赴目的地。他们与碉堡的距离相同，他们的部队也都同样地疲惫，沉重的背包、沉重的武器、沉重的心情与沉重的眼皮，无不告诉他们：不可能以指挥官所命令的速度前进。

A军的指挥官下令：每次停下来休息，只准10分钟，到时间立即前进，休克的人，就任他倒在路边，不必扶持也不必急救，甚至不必回头看，免得浪费了体力！

B军的指挥官下令：冲到底！一分钟也不准休息！为了减轻负担，除了水壶及武器，其余的东西一律扔掉，甚至连干粮也不许带，如果有敢带头停下脚

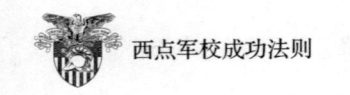

步的，一律视为前线抗命，就地枪决！

A军出发时有300人，到达碉堡时只剩200人。

B军出发时同样是300人，到达时只剩100人。但是一阵枪声之后，包括指挥官在内，A军全死在了碉堡的附近。汩汩的鲜血染遍了他们沾满泥沙与汗水的衣服，他们死不瞑目地望着前方，似乎不服地问："为什么？"

答案很简单：B军早到了10分钟，先架好了机枪等着。

A军到达时，确实有200人之多，但200人全牺牲了！

B军确实只到了100人，那100人却活了，且因为占据这个战略要地，而获得了进一步的胜利。

一位西点教员曾经说过："我们不需比敌人快很多，也许只需一分钟。但是，早一分钟，我们就拥有了优势。"这就是西点所倡导的速度法则。速度法则不仅仅强调效率，更强调机遇。机遇是可遇不可求的，是最宝贵的资源。抓住了机遇，就能取得胜利；错过了机遇，失败就在所难免。要抓住机遇，就要保证速度；机遇也是在速度中产生的。

每成一事要比别人先走半步。"快"的意思就是"捷足先登""先下手为强"。历史经验证明：能否做到快半步，往往会决定一桩事情的成功或失败。竞争如同弈棋，一招失先，则步步落后。那时，需要花费很大努力才能扭转被动局面；一招占先，则步步主动，利于掌握全局。

海獭属于鼬科动物，成年海獭体长1.5米，体重在40公斤左右。它们生活在阿留申群岛周围的海域中，智能在某些方面超过了类人猿。然而，令科学家惊叹的不是海獭的聪明，而是它们对成功捕食时间的准确把握。海獭的潜水时间仅仅只有4分钟，也就是说，在这4分钟里，它必须潜到50米以下的海水里去捕猎，如果超过了4分钟，它就会溺死在水里。所以，时间对于海獭来说就是生命，每一次捕猎，都是以倒计时来计算的，并且必须用上整个生命。它们只能在规定的时间内捕获到食物，不然，要么会被淹死，要么就会被饿死。

海獭的食物大部分是海底生长的贝类、鲍鱼、海胆、螃蟹等。由于海獭非常清楚自己捕猎的时间有限,所以每次潜入水中之后,它便目标明确地去寻找自己的猎物,一秒钟都不敢耽误。它的速度也异常快捷,抓到猎物后,一定要在肺里的氧气用完之前返回水面。它们没有鲨鱼那样坚硬的牙齿,没有金枪鱼那样锋利的长枪,没有任何强过海里其他动物的器官或武器,也并不适合在水里生活,可是,千百年来,它们就是靠着那4分钟的捕猎时间而在海里生存了下来。

其实,人生的时间并不短,跟海獭相比,我们的时间何止一千个一万个4分钟,不成功的原因也正是因为时间太过充裕,让人们有了懈怠的心理。如果给成功定一个期限,便没有时间怨天尤人,也没有机会犹豫不决,而是会立即在有限的时间里明确自己的目标,然后全力以赴。

在同样的机会下,谁快谁就会赢得机会,谁快谁就会赢得财富;在机会不同的条件下,后来者要用速度赢得时间,赶上前面的领先者。比尔·盖茨说:"你不要认为那些取得辉煌成就的人有什么过人之处,如果说他们与常人有什么不同之处,那就是当机会来到身边的时候,他们会立即付诸行动,绝不迟疑,这就是他们的成功秘诀。"

★ 西点训条

在人生的战场上,幸运总是光临能够努力奋斗抢占先机的人身上。当机会来临的时候,立即行动,绝不迟疑,这就是成功的秘诀。

善于创造机遇,更善于抓住机遇

西点人从不会说自己没有机会,就像他们不会为自己寻找借口一样。他们认为:"一个人必须为自己创造机会,就像时常发现它一样。"如果你只会坐井观天,守株待兔,那么你永远只能是井底之蛙。

历史上任何一个将帅的成名,都与客观环境、自身素质和机遇这三个因素有关。而机遇条件对于将帅的升迁,更起着举足轻重的作用。

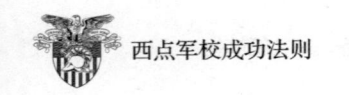

机遇垂青于勤奋博学的人。著名西点将领艾森豪威尔，就是这样的一个典型。机遇条件是他能够成为欧洲盟军最高统帅的重要因素。而他能赢得这样的机遇，与其勤奋好学和杰出的才能又有着相当密切的关系。

1941年，陆军参谋长马歇尔打算挑选一人出任作战计划处副处长。陆军总司令部副主任克拉克回答说："我推荐的名单上只有一个人的名字。如果一定要十个人，我只有在此人的名字下面写上九个'同上'。"这个人就是艾森豪威尔，他因才能出众而倍受克拉克器重。

到作战处后，艾森豪威尔工作踏实，很有作为，因为一份出色的报告，使得他被越级提升。这份出色的报告，显露出他才华横溢，具备非凡的军事才能，因而受马歇尔的推荐而出任美国驻伦敦的欧洲战场司令。这成为艾森豪威尔一生军事生涯中最为重要的转折。

其实，机遇的出现，虽然带有一定的偶然性，但又以必然性为基础。如果你有足够的勇气，敏锐的观察力、判断力，机遇就可以被"创造"出来。莎士比亚曾说："聪明人会抓住每一次机会，更聪明的人会不断创造新机会。"这是说我们对待机会要选择主动的态度，甚至要用我们的行动增加机会出现的可能性。

诺曼底登陆作战前夕，盟军已做了大量的准备。然而，这些准备都是必需的，却不是最为重要的。最为重要的准备是气象、潮汐、水文条件。诺曼底登陆作战对于盟军来说，最棘手的问题就是确定登陆日期和时间了。在这个问题上，盟军颇费了一番功夫。

一切部署停当后，盟国的海军、陆军和空军对气象条件提出了不同的要求。这一下子使艾森豪威尔犯了难。三军有一点要求是共同的，这就是必须没有大海风和海浪；而不同的要求是：海军要求应该在月黑之夜登陆，最好还是低潮时登陆。这样，一来可以尽可能地远离岸上火炮有效射程，二来由于能见度不足，德军不便于发挥岸炮火力。

而陆军和空军则希望有一个月明星稀的气象，这样，可以在一个能见度相对好的条件下，发挥火力打击的效果，登陆上岸或实施航空兵火力打击。同时，陆军希望在一个高潮时登陆，这样可以更加接近岸滩，缩短登陆艇与海滩的距离，减少抢滩上岸时候的伤亡。如何满足各军种不同的气象要求，这真是一个大学问。

随着关键时期的来临，紧张程度也不断增强，因为出现适宜天气的希望越来越小了。直到6月4日早晨，盟军得到的气象分析还是"云层低，风大，浪涛汹涌"。而这一气象条件预示着登陆是极其危险的。这时，盟军几个统帅有点坐不住了。海军司令拉姆齐上将认为，这样的天气连驾驶小艇都是非常困难的；空军司令马洛里不同意登陆；而蒙哥马利则认为，推迟登陆会带来更大的不利，主张立即行动。

怎么办？这时，艾森豪威尔把目光盯在盟军负责气象的军官斯塔格脸上。斯塔格知道自己肩上的担子，这时，所有登陆部队都已上船，就等着命令了。如果让他们返回到岸上，会带来一系列连锁反应，部队士气也会大打折扣。当时，斯塔格只说了一句："将军，请再给我一天的时间！"艾森豪威尔同意了。

这一天对于斯塔格来说比一年都要长。他将在学校里和部队中对气象的理论与实践全部在脑海里搜索并分析一遍又一遍。终于，他算出一个日子，不仅符合各军种的共同要求，而且可以满足各军种的不同气象要求。

6月4日9点半，他请求艾森豪威尔召开气象会议。会上，他说："明天，将是一个大雨滂沱的日子，而且海上将有飓风。然而，6月6日，将有一段难得的好天气，可以持续36小时。同时，如果在6日这天凌晨各舰船起航，航渡过程中，天气由于前一天风暴的原因，能见度不太好，便于舰船隐蔽航行。然而，这种天气持续到黎明将消失，会出现一个'月明星稀'的时刻，非常便于空军的火力打击和步兵上陆突击……"

斯塔格说完，出席会议的全体人员把目光投向了艾森豪威尔。艾森豪威尔久久没有说话。最后，艾森豪威尔只说了几个字："动手干吧！"

就这样，艾森豪威尔最终拍板：6月6日6时30分至7时55分之间的5个不同

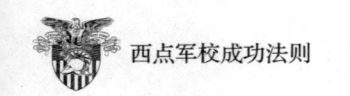

的时刻，实施诺曼底登陆作战。

现实生活中的一些机遇，是要用心去发现的。如果忽视了它，这种机遇可能就毫无意义。而那些主动执行、善于创造机会的人，则从最平淡无奇的生活中找到一丝微弱的机会，他们用自身的行动改变了他们的处境。

机遇无处不有，无处不在，关键是看你能否把握住它。偶然的机会只对那些勤奋工作的人才有意义。无论是过去、现在还是将来，最有希望的成功者，并不是天才出众的人，而是那些既善于抓住机遇，又善于创造机遇的人。成功的秘密在于，当机遇来临的时候，你已经做好了把握住它的准备。时刻准备着，当机会来临时你就成功了。

★ 西点训条

机遇无处不有，无处不在，关键是看你能否把握住它。成功的秘密在于，当机遇来临的时候，你已经做好了把握住它的准备。

自主地调整心态、面对一切挑战

西点在对新学员进行"野兽"式的训练时，训练他们自动自发的精神是必备的一课。西点灌输给学员的是：依靠自身心态与情绪的调节，积极应对一切。不是被动地接受命运，而是自主地调整心态、面对一切挑战。西点人把等待机会看作一种笨拙的行为。

鼓励学员去创造机会，是西点一直以来的教育理念。"没有机会"和"不可能"一样，是西点人的禁忌。西点人不会说自己没有机会，就像他们不会为自己寻找借口一样。

要获得卓越成就，你就应该主动追求。思想积极了，你才会摒弃懒散的习性。你必须让潜意识充满积极的想法，无论任何状况，你都要超越自我。事实上，只要你每天限定自己一定要超越自我一些，成功便自会出现在你眼前。钢铁大王卡耐基曾经说过："有两种人绝不会成大器，一种是非得别人要他做，否则绝不主动做事的人；另一种人则是即使别人要他做，也做不好事情的人。那些不需要别人催促，就会主动去做应做的事，而且不会半途而废的人必将成功。"

任何一个人，都不能只是被动地等待别人告诉你应该做什么，而是应该主动去了解自己应该做什么，还能做什么，怎样精益求精，做到更好，并且认真规划它们，然后全力以赴地去完成。在人才辈出、竞争日趋激烈的今天，机会一般不会自动找到你，你必须为自己创造机会。这是一种观念：是主动出击还是被动选择？这决定着你的成败。

我国著名导演张艺谋在成为大导演之前可谓历经坎坷曲折，但他以进攻的姿态为自己创造了一次次机遇。

1978年，北京电影学院在"文革"后首次招生，按他的家庭情况他是难过"政审"关的，但他用自己几年来的摄影作品"开路"，给素昧平生的文化部长黄镇写了一封恳切真诚的信，并附上自己的作品。颇通艺术的部长有强烈的爱才之心，派秘书去电影学院力荐张艺谋，终于将他破格录取。

尽管在校表现优秀，但命运仍然对他不公——毕业后他被分配到广西电影制片厂这个小厂，但他并没有因处境不佳而自我埋没。外部条件不好，厂小、人少、设备差、技术力量薄弱，是不利的因素；但这里也有大厂所不具备的条件，那就是科班毕业生少、名导演、名摄影师少，因而论资排辈的做法不像大厂那么突出。张艺谋主动请缨，挑起大梁，以卓越的摄影才能，一炮打响，荣获"中国电影优秀摄影奖"，这部电影也成为第五代影人崛起的标志。

成功需要持续的好运气，而持续的运气是积极主动去准备、去创造运气的态度与把握运气的能力。一个人要想有所成就，就要积极主动地把自己的才干展示给他人看。微软全球高级副总裁李开复曾经说过："30年前，IBM对人才的定义是一个有专业知识的、埋头苦干的人。今天，人们对人才的看法已逐步发生了变化。现在，很多公司所渴求的人才是积极主动、充满热情的人。"

有了目标，没有行动，一切都会与原来的目标背道而驰。有了积极的人生

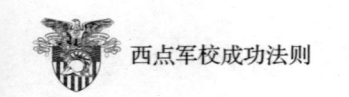

态度，没有立即行动，一切都极有可能转向成功的反面。所以说，主动是一切成功的创造者。这也是少数人能从芸芸众生中脱颖而出的原因，他们不但有行动，而且有不同于一般人的主动。如果想登上成功之梯的最高阶，你就得永远保持主动率先的精神，即使面对缺乏挑战或毫无乐趣的工作，最后也能获得回报。

在常人眼里，高燃的成功就像一个传奇，但他说："如果我能最终成功，肯定是因为我有一个大胆的梦想，并且会用全部的精力去追求，去做！"高燃中专毕业后去了深圳打工。不到半年，凭着勤奋和能力，他坐上管理层位置，每月能挣到5000元钱，那时他才17岁。可他并不满足，为了圆自己的大学梦，他放弃优越的工作条件，回到家乡进入一所学校补习并参加当年的高考。一个学期后，他考入清华大学。

大学毕业后，他进入一家报社当记者。凭着勤奋好学，他成为报社最出色的记者之一。后来，他下海经商，经过几个月的准备，他写出第一份商业计划书。可是光有创意没有资金，等于纸上谈兵。他又开始主动出击，寻找风险投资商。

不久，高燃参加了一次科技博览会，记者们都争着向那些海归名流提问，唯独有一个人在台上坐冷板凳。那位民营企业家是远东集团董事长蒋锡培，当时名气不是很大。他觉得应该帮帮人家，于是向蒋锡培提了几个问题。散会后，蒋锡培心存感激，主动找他聊天。

高燃向蒋锡培谈起自己的创业梦想，蒋锡培看了看他的计划书说："创意不错，就冲你这个人，我给你投1000万元！"在几天后的董事会上，蒋锡培请来大批专家进行论证。会议结束后，蒋锡培告诉他："董事会经过慎重考虑，认为你这个项目风险太大，但我决定给你100万元——你这个项目风险确实太大，可你这个人没有风险！"第二天，高燃就收到了第一笔风险投资，从此，他的梦想被插上了翅膀。

两年后，高燃创立了Mysee直播网络媒体，25岁时身价就已经过亿元。

卡耐基曾经说："只要你向前走，不必怕什么，你就能发现自己，成功一定是你的！"用行动来克服恐惧，同时增强你的自信。做个主动的人，做个真正做事的人，就要勇于实践。自己推动自己的精神，不要坐等精神来推动你去做事。主动一点，自然会精神百倍。

一个有积极态度的人，不会只停留在已有的条件或已有的成绩上，他总是不停地开拓，不停地创造。世界是变化的，社会是发展的，因而不能被动地守着原有的东西，而应该主动地适应着这种变化，不断地创新，不断地前进。谁有这种主动的积极态度，谁就能不断地排除困难，不断地获得成功。

西点训条

不要被动地接受命运，而要主动地调整心态，面对一切挑战。谁有主动进取的精神，谁就能不断地排除困难，不断地获得成功。

第09章

踏实地累积实力，有耐心的人才能等到成功的到来

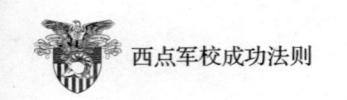

以低姿态进入，悄然前行

1915年西点军校毕业生、美国陆军五星上将奥马尔·布莱德雷说："忍耐是我们人生过程中，任何人都要经受的最困难的一件事，等待比做事要难得多。善于忍耐，积极积蓄力量和资本的人，更容易取得飞跃式的进步。"

布莱德雷从小就立志要做个将军，为此他拼尽全力考入了西点军校。但出人意料的是，他在毕业后却没有像其他人那样，扎根于军营中，以期一路升迁上去，而是把大多数时间用在了执教上，在他头20年的军人生涯中，当教官的时间就占去了13年，这在美国的将军中是极少见的情况。表面上看，布莱德雷似乎一直徘徊在军营之外，失去了许多晋升的机会和实战的锻炼，但他却在军校里得到了更多。

1920年，布莱德雷进入西点军校任数学系教官，当时的校长是麦克阿瑟。在西点的4年中，通过教学，布莱德雷的数学水平大有长进，更重要的是，数学从根本上说是逻辑学，它可以培养一个人的合理思维，提高一个人的推理能力。在以后的岁月里，每当他遇到难题时，他在数学上的造诣颇有助于他更清楚更有条理地进行思考，这使他成为美国将军中思维最缜密、做事最有条理的人之一。

1929年，布莱德雷来到本宁堡步校，这成了他人生的转折点。布莱德雷最初被分配在史迪威领导的战术系，负责高年级军官的实战进攻演练，由于他的出色表现，不到一年，就被马歇尔提升为兵器系主任，成为马歇尔的"四大金刚"之一。虽然马歇尔不久就调离了军校，但他却记住了布莱德雷的名字。1939年7月，马歇尔出任美国陆军参谋长，布莱德雷感到自己的机会来了，果然，马歇尔很快就指名要来了布莱德雷，让他负责马歇尔办公室的工作。此后不久，布莱德雷就被马歇尔下放到本宁堡步校任校长，旋即又出任美军第82师师长，这个结果很有戏剧性：在绕了一个大圈后，布莱德雷成了西点军校同届毕业生中第一个当师长的人，跑到了那些一直在走直线的同学前面。

此后，布莱德雷一路飙升，在短短几年间，就从师长升为军长、集团军司令、第12集团军总司令，并于战后出任陆军参谋长和参谋长联席会议主席，远比巴顿和麦克阿瑟要春风得意。

多年之后，当回首往事时，布莱德雷对13年的教官生涯颇感难忘，在他看来，那是一条攀向山顶的最短的曲线。

越是把自己的身份放得低一些，反而越能得到别人的敬重。能够把事情做好，有时候是无关才华、能力的，因为它常常是人情与利害关系所导致。很多时候，我们需要放低姿态，匍匐前进。匍匐前进，这看起来似乎速度太慢，太不痛快，太缺乏英雄气概。但是，能登上最高地位的，往往就是那个与地面贴得最紧的人。

墨西哥《成绩》周刊有一期发表了比尔·盖茨写给即将走出学校、踏入社会的青年一代的忠告：当你处在事业的低谷，在最高层找不到属于自己的位置时，不妨先耐住寂寞，向下走一走。这一走，说不定还会越走越开阔，最终走出属于自己的一片天地来。每个人都要经历从小的蜕变，就看你有没有勇于向下走的境界。一个人要想成功，以高姿态来要求，在这个竞争激烈的社会中，你很少会抓到成功的机遇；但如果你换一种方式，以低姿态进入，你就会发现隐藏着的希望，就像地底涌动的岩浆。

放低姿态，就是用平和的心态来看待世间的一切，修炼到此种境界，为人便能善始善终，既可以让人在卑微时安贫乐道，也可以让人在显赫时不骄不狂。放低姿态，不仅可以保护自己、融入人群，与人们和谐相处，也可以让人暗蓄力量、悄然潜行，在不显山不露水中成就霸业。

"经营之神"松下幸之助为人谦和，无论见了谁都点头哈腰，他用一句话概括自己的经营哲学："首先要细心倾听他人的意见。"

丰田汽车公司董事长丰田英二说："我担任专务时，曾率技术人员参观松

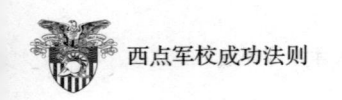

下电器工厂,松下干部列队,盛情欢迎。最前头的,竟是松下先生本人。他对顾客的重视、恭敬,真是无人能比。他始终贯彻顾客至上的精神。他还集合干部,带头向丰田人员作深入地发问。他这种谦虚和以身作则的精神,令人觉得他不愧是位优秀的经营者。"

有人说:"松下先生最伟大的,就是不露伟大的神气。"但事实上,松下根本没有意识到自己是伟大的,所以,言行举止才会那么得体自然,甚至可形容为"纯真"。

不论你的资历、能力如何,在浩瀚的社会里,你只是一个小分子,无疑是渺小的。当我们把奋斗目标定得很高时,更要在人生舞台上唱低调,在生活中保持低姿态,把自己看轻些,把别人看重些。自认怀才不遇的人,往往看不到别人的优秀;愤世嫉俗的人,往往看不到世界的美好;只有敢于低头并不断否定自己的人,才能够不断吸取教训,才会为别人的成功而欣喜,为自己的善解人意而自得,才会在挫折面前心安理得。

民间有句非常贴切的谚语:"低头的稻穗,昂头的稗子。"越成熟,越饱满的稻穗,头垂得越低。只有那些果实空空如也的稗子,才会显得招摇,始终把头抬得老高。老子说,当坚硬的牙齿脱落时,柔软的舌头还在。柔弱胜过坚硬,无为胜过有为。我们学会在适当的时候,保持适当的低姿态,绝不是懦弱和畏缩,而是一种聪明的处世之道,是人生的大智慧、大境界。

★ 西点训条

一个人要想成功,以高姿态来要求,你可能很少有成功的机会;但如果以低姿态进入,你就会发现隐藏着的希望,就像地底涌动的岩浆。

忍耐是另一种意义上的坚强

西点军校的学员都反复被告知:"有耐心的人无往而不胜。"西点学员都知道,耐心需要特别的勇气;对一个理想或目标全然地投入,而且要不屈不

第09章 踏实地累积实力，有耐心的人才能等到成功的到来

挠，坚持到底。就像白朗宁所说："有勇气改变你能够改变的，愿意接受你无法改变的，并且明智地判断你是否有能力改变。"因此，追求人生目标的决心越坚定，你就越有耐心克服阻碍。

这里所谓的"耐心"是动态而非静态的，主动而不是被动的，是一种主导命运的积极力量。这种力量在我们的内心源源不尽，但必须严密地控制和引导，以一种几乎是不可思议的执着，投入既定的目标中，才具有人生价值。

戈瑟尔斯说："能否多坚持一分钟，是人才和平庸之徒的分水岭。"忍耐精神是意志坚强者的品质，忍耐不是软弱，而是另一种意义上的坚强。在两军的对阵中，勇者会胜利，但在两军的相持中，具有忍耐力的一方会获胜。

数九寒天，一座城市被围，情况危急。守将决定派一名士兵去河对岸的另一座城市求援。这名士兵马不停蹄地赶到河边的渡口，却看不到一只船。平时，渡口总会有几只木船摆渡，但是由于兵荒马乱，船夫全都逃难去了。士兵心急如焚。他的头发都快愁白了，假如过不了河，不仅自己会成为俘虏，就连城市也会落在敌人手里。

太阳落山，夜幕降临。黑暗和寒冷，更是加剧了士兵的恐惧与绝望。更糟的是，起了北风，到了半夜，又下起了鹅毛大雪。士兵瑟缩成一团，紧紧抱着战马，借战马的体温取暖。他甚至连抱怨自己命苦的力气都没有了，只有一个声音在他心里重复着：活下来！他暗暗祈求：上天啊，求你再让我活一分钟，求你让我再活一分钟！当他气息奄奄的时候，东方渐渐露出了鱼肚白。

士兵牵着马儿走到河边，惊奇地发现，那条阻挡他前进的大河上面，已经结了一层冰。他试着在河面上走了几步，发现冰冻得非常结实，他完全可以从上面走过去。士兵欣喜若狂，就牵着马从上面轻松地走过了河面。城市就这样得救了，而这一切全都得救于士兵的忍耐和等待。

一个人有所建树，也往往与他的忍耐、忍受力密切相关。很多情况下，忍耐更是成大事不可或缺的修养。对成功人士来说，任何委屈都不足以让他心灰

· 109 ·

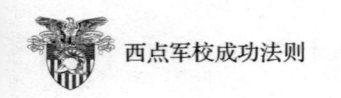

意冷，相反更加能鼓舞士气，激发起一定要做成大事的欲望。

在四年的南北战争中，林肯肩上所承受的压力是难以想象的。失败、灾难、朋友的背信、儿子的丧生、妻子的精神病……但他从没有动摇过，在竞选美国总统职务的所有人中，林肯招致的诽谤、侮辱和憎恨比任何人都要强烈，但他赢得了1860年的大选。

能忍得旁人所难以忍受的，增强忍耐力和判断力，才能使自己不断地积蓄力量，才能为将来事业的成功积累资本。忍耐是一种理智，是一种涵养，更是一种美德。成功的人都是以极大的毅力和意志忍受着困苦，在艰辛中一步步地向前迈进。

唐骏曾任盛大网络总裁。1984年大学毕业后，唐骏非常想出国。于是，唐骏给北京很多高校打电话，询问有没有剩余的出国名额。打到北京广播学院时，对方答复有剩余名额。撂下电话，唐骏马上骑着自行车赶了过去，拿着考研的成绩单，要求转入北京广播学院读研究生。北京广播学院的老师说："你可想好了，就算转过来，你也不一定出得了国。尽管我们有名额，但是你错过了时间，出国要由教育部决定。"

唐骏没有犹豫，直接把档案转了过来。唐骏很清楚，出不了国，大不了一年之后重新再考一回研究生，这是底线，可以承受。但他也同样清楚：一个21岁、没有任何背景的学生，想要让教育部的官员单独为自己办这件事太难了。唐骏想了个办法：他打听到教育部主管此事的是李司长，于是他在教育部的门口站了整整四天。

不到早上7点，唐骏就到教育部门口去等。见到李司长，唐骏说："李司长，您早！"中午李司长出来吃饭，唐骏又说："李司长，您出来吃饭？"李司长吃完饭，唐骏又说："您吃好饭了？"再到下班的时候，唐骏再说："您下班了？"如此四天。第一天，李司长觉得这人很奇怪；第二天，李司长关注这个青年，怕他有什么偏激行为；第三天，他又觉得这个小孩子看上去很可怜；第四天，李司长忍不住好奇，终于开口问他到底有什么事。唐骏如实说了。第六天，李司长给了唐骏一堆资料说"这些你填一下"。第七天，司长给了唐骏一张纸，说："这是你一直想要的东西。"唐骏一看，那张纸正是出国留学批准证。

后来，唐骏在大连理工大学演讲时说："大家知道吗，人们需要执着的精神，你就拿出执着的精神给他们看，世上就不怕没有办不成的事。"

对所有的人来说，耐心是一剂特效药，也是人在患难中最可靠的依托和最柔软的依靠。确信无法突破的时候，首先要选择的是等待。西点人认为，忍耐是一种追求的策略，一个追求更大成功的人，不得不忍耐小的失败和牺牲。有志向、有抱负的人是不会因"小不忍"而"乱大谋"的。

每个人都希望自己能成功，学业、事业、养儿育女皆能有成。但是，成功并不是一蹴而就的。所谓"十年树木，百年树人"，人经不起时间的磨炼，经不起一点挫折，要有所成就是很难的。在成功的道路上，如果没有耐心去等待成功的到来，那么，只好用一生的耐心去面对失败。

★ 西点训条

对所有的人来说，耐心是一剂特效药，也是人在患难中最可靠的依托和最柔软的依靠。确信无法突破的时候，首先要选择的是等待。

稳扎稳打积累实力

西点人认为：扭转人生的第一步，就在于抛却一切负面、消极的想法，着眼于现在，放眼于未来，从迈出一小步开始，尝试迈出大的步子，这样你将发现许多能使你变得更好的方法。

俄国诗圣普希金在《青铜骑士》里写道："只有踏实地累积实力，才能为自己赚得独立与荣耀。"当你拥有稳扎稳打的实力后，自然会充满自信，即使前面有一道鸿沟，你也能一跃而过，走向成功的彼岸。揠苗助长的人，只会让仅有的一点能力过早显露，遭到他人白眼的对待；好高骛远的人，只

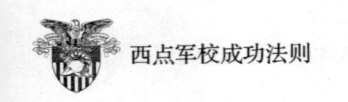

不过有个看似比别人崇高的目标罢了，若不肯脚踏实地去做，最后只能与失败为伍。

有两棵大小相同的树苗，同时被主人种下，也被一视同仁地细心照料着。第一棵树拼命地吸收养分，一点一滴储备下来，仔细地滋润身上的每一根枝干，默默地盘算如何让自己扎扎实实、健康茁壮地成长。第二棵树也非常努力地吸收营养，不过它追求的目标与第一棵不同，它将养分全部聚集起来，并使劲地将这些养分推至树端，一心想着如何让开花结果的时间提早来到。第二年，第一棵树开始吐出了嫩芽，也十分积极地让自己的主干长得又高又壮；第二棵树也长出了嫩叶，不过它却迫不及待地挤出了花蕾，似乎随时都可以开花结果。

这个景象让农夫非常吃惊，因为第二棵树的成长状况非常惊人。只是，当果实结成时，由于这棵树尚未长成，却提早承担了开花结果的责任，因此把自己折腾得累弯了腰，至于所结的果实更是因为无法充分吸收养分，比起一般正常的果实来很酸涩。时日一久，在身心受创的情况下，这棵树逐渐失去了生长的活力。

第一棵树的情况却完全相反，原本不被看好的它，反而越来越茁壮，在经年累月的耐心等待之后，终于花蕾绽放。由于养分充足、根基稳固，结成的果子也比其他的树更大更甜，而那急于开花结果的第二棵树却日渐枯萎。

有很多人就像第二棵树一般，只学会了皮毛，便急着出头与表现。当他的皮毛用尽时，不仅难以占有立足之地，还会跌到更深的谷底，甚至连重新开始的机会都很难找到。没有足够的知识储备，一个人难以在工作和事业中取得突破性进展，难以向更高的地位发展。在成功之前，一个人要积蓄足够的力量。

经不住忍耐的考验，我们的人生将会是一片苍白。所以，不论是钻研知识、学习技能还是追求成功，我们都得像第一棵树一样，逐步累积自己吸收的养分，进而培养出扎实的能力，让迈出的每一步留下的都是绝对坚实

第 09 章　踏实地累积实力，有耐心的人才能等到成功的到来

的足印。

美国专栏作家弗兰克·格拉顿年轻时深受英国作家威廉·科贝特的影响，辞掉了报社的工作，一头扎进创作中去。由于没有收入，他连房租都交不起。白天，为了躲避房东催交房租，只好漫无目的地在马路上走来走去。何时才能写出自己的鸿篇巨制呀，他感到有些绝望。

一天，格拉顿在42号街遇到了他当记者时曾采访过的俄国著名歌星夏里宾先生，没想到这位名噪一时的人物还记得他。格拉顿忍不住向夏里宾倾诉了自己的苦恼，夏里宾听过之后，对他说："我的旅馆在103号街，跟我一同过去，好不好？"

"什么，103号街，我怎么可能一下子走这么远的路？"格拉顿惊叹道。

"是呀，从这里到103号街要过60个街口，少说也要走上两个多小时！"夏里宾换了一种口气说，"我们不到我的旅馆了，咱们向前走，过6条街，到贝里射击游艺场玩玩怎么样？"

夏里宾的这番话打消了格拉顿的顾虑，他们到了游艺场门口，看了一会儿两名屡次射击不中目标的水兵，然后继续前进，不一会儿就到了长纳奇大戏院。"现在离中央公园只有5条横马路了，我们去看看那只奇怪的猩猩吧。"夏里宾愉快的话语让格拉顿感到说不出的轻松……就这样走走停停，他们不知不觉已到了103号街。原该精疲力竭的他，却并没有感到一点儿累。格拉顿掏出怀表看了看，时间已过去了将近4个小时。

夏里宾先生满意地对他说："并不太远吧，现在我们到我旅馆附近的餐馆去吃饭吧。"在餐桌上，格拉顿听到了让他终生难忘的一席话："今天走的路你要记在心里，你无论与自己的目标之间有多远，你都要学会轻松地走路。只有这样，在走向目标的过程中，你才不会感到烦闷，也不会被遥远的未来吓住。"

后来，格拉顿把自己的这番经历写成文章，发表在当地的一家晚报上，从此开始了他的专栏作家生涯，并写出许多像《莫德》《交际》《利格斯的档案

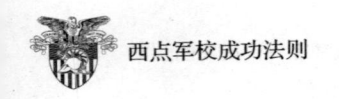

室》等数百部名篇佳作。

格拉顿去世后，他的后人在一篇纪念他的文章里这样写道："我们的目光不可能一下子投向数十年之后，我们的手也不可能一下子就触摸到数十年之后的那个目标，其间的距离，我们为什么不能用快乐的心态去完成呢？那样，我们就不再会为自己的付出感到丝毫的累。"

古今中外，没有一个成功的人不是在艰难困苦中凭着一股锲而不舍的韧性，从一点一滴的小事一步一步干出来的，一个人可能才气不大，运气不佳，但只要努力不歇，持之以恒，同样会取得成功。

事实就是这样，一步一步走向成功，我们可以每天都能尝到成功的甘甜，体味到成功的喜悦与满足，只有这样，在走向成功的路上，我们才不会感到这是一种付出，而是一种实实在在的得到。

★ 西点训条

经不住忍耐的考验，人生将会是一片苍白。不论是学习技能，还是追求成功，我们都得逐步累积养分，让迈出的每一步都是绝对坚实的足印。

主动后退一步，赢取更多机遇和时间

西点人认为，人生的输赢不是一时的荣辱所能决定的。今天赢了，不等于永远赢了；今天输了，只是暂时还没赢。任何时候，耐心都是最重要的品质，坚持到底就是胜利！

在人生的征途中，常有竞争和角逐，也有奋斗与拼搏，着实需要百折不挠、矢志不移、永不言败……其实，在必要的时候，也要学会认输。试想，面对不利的现实，深知自己不敌对手，还一味地跟人家拼斗又有何益呢？而懂得认输，避开锋芒，急流勇退，不进行无益的竞争，减少不必要的牺牲，才是智者的风范。

在一个讲座上，有位现代很知名的作家讲述自己成功的秘诀。他说自己的成功第一要义是坚持，第二也是坚持，第三还是坚持。忽然有人问："有第四吗？"在场的人都笑了。"如果有第四，那就是放弃。"作家很认真地告诉提问的人，"如果你坚持仍不成功，恐怕就是你努力的方向出了问题，或者是你的才能与成功难以匹配，这时候，放弃比坚持更难得，也是你最明智的选择。你应当及时调整自己，寻找新方向。"

有时候放弃是一种睿智，它比坚持更为重要。心态从容，进退有据。常言道："不要一条道走到黑""不能在一棵树上吊死"，话虽然浅俗，但道理却是千真万确的。

有一则寓言，是说有两只蚂蚁想翻越前面的一堵墙，寻找墙那边的食物。墙长有20余米，高有近百米，其中一只蚂蚁来到墙前毫不犹豫地向上爬去，辛苦地向上攀爬。可是每到它爬到大半时，就会由于劳累、疲倦等因素而跌落下来，可是它不气馁，它相信只要有付出就会有回报。它更相信只要坚持不懈，就会距离成功越来越近。一次跌下来，它迅速地调整一下自己，又开始向上爬去。

而另一只蚂蚁观察了一下，决定绕过这堵墙去。很快地，这只蚂蚁绕过墙来到食物面前，开始享用起来，而那只蚂蚁还在不停地跌落下去又重新开始。

人生道路上，一味地放弃是懦弱，是退缩，是逃避，而适时放弃是人生的一种明智，一种从容。这种认输并不是自认失败，而是暂时性地稳定脚跟；这种认输并不是放弃追求，而是退一步去重新审视局势；这种认输不是自甘消沉，而是以退为进，争取赢得潜心发展的主动权，夺取最后的成功。

西点认为，刚柔相济、顽强有力，是一个优秀者意志良好的表现。若缺少了其中一个方面的因素，在意志的品格上都不算完整，称不上是具有良好健康的意志素质。例如，如果我们在前进时碰到了障碍，要想顺利地向前，就必须先撤退。这种做法并非一种失败主义，而是一种曲线式的生存方式。这是以柔克刚、以退为进的策略，就像弹簧缩在一起，其间却蕴藏着巨大的力量。

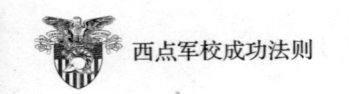

以退为进，由低到高，这既是自我表现的一种艺术，也是自下而上竞争的一种方式。在双方僵持的时候，智者会先退几步，以求打破僵局，为自己积蓄力量赢得时机。善于把握进退的火候，恰当抉择进退的时机，就可以把自己提高到一个更高的层次。

1076年，德意志罗马帝国皇帝亨利与教皇格里高利争权夺利，斗争日益激烈，发展到了势不两立的地步。在矛盾激烈的关头，教皇的号召力非常之大，一时间德国内外反抗亨利的力量声势震天。亨利面对危局，被迫妥协，于1077年1月身穿破衣，只带着两个随从，千里迢迢前往罗马，向教皇认罪忏悔。但格里高利故意不予理睬，在亨利到达之前躲到了远离罗马的卡诺莎行宫。亨利没有办法，只好又前往卡诺莎去拜见教皇。到了卡诺莎后，教皇紧闭城堡大门，不让亨利进来。亨利忍辱一直在雪地上跪了三天三夜，教皇才开门相迎，饶恕了他。

亨利恢复了教籍，保住王位返回德国后，集中精力整治内部，然后派兵把一个个封建主各个击破，并剥夺了他们的爵位和封邑，把曾一度危及他王位的内部反抗势力逐一告灭。在阵脚稳固之后，他立即发兵进攻罗马。在亨利的强兵面前，格里高利弃城逃跑，最后客死他乡。

在做大事的过程中，不能一味进攻，尤其身处弱势时，一定要巧妙避开对方的锋芒，寻找以退为进的转机。当自己处于弱势时，不妨采取认输方针，保存自己的实力。等到有朝一日羽翼丰满时，再表明自己的主张和态度，这时候，你就是真正的强者了。

在与别人竞争时，面对自己的缺陷与不足，只有学会认输，才能及时调整人生航向，去争取赢的机遇和时间。总之，认输不失为一种策略，它可以使你彻底摆脱不健康的心理羁绊，使你调整好位置，进入最佳的心理状态，它造就的将是一片心灵的净区。善于在适当的时候认输，主动向后退一步，反而会获得更多的利益，拥有更加广阔的发展空间。

西点训条

在与别人竞争时，面对自己的缺陷与不足，只有学会认输，才能及时调整人生航向，去争取赢的机遇和时间。

第 10 章

头脑的力量是无穷的,有谋比有勇更重要

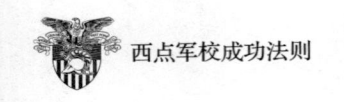

思维是行动的先导

西点军校鼓励学生尽量多动脑，少出力。西点非常清楚，做一个军事指挥官，并不是只要雄赳赳气昂昂就可以，西点的军事将领同时也要成为博学多闻的知识分子。西点努力拓展学生的智能领域，让他们接受足够的思考能力的训练，在复杂的情境下也能够辨别是非对错。

爱默生说过："思维是行动的先导。"思考是一切行动的基础，如果不能拨开表象的层层迷雾，透过现象看本质，必定会被表象牵了鼻子走。想让自己也能站上成功的峰顶，学习旁人的智慧是必要的，但不要只学虚浮的表面，而应该深入去了解其成功背后的因素，汲取为自我经验并有效运用。

第二次世界大战期间，盟军运输船队在大西洋经常遭到德国潜艇的袭击，搞得盟军焦头烂额。为此，一位盟军将领专门去请教几位数学家。

数学家们运用概率论分析后发现，船队与敌潜艇相遇是一个随机事件，从数学角度来看这一问题，它具有一定的规律：一定数量的船编队规模越小，编次越多，与敌人相遇的概率就越大。

盟军海军接受了数学家的建议，命令运输船队在指定海域集合，再集体通过危险海域，结果盟军船队遭袭被击沉的概率由原来的25%下降为1%，大大减少了损失。

在进行科技创新活动的过程中，自始至终都离不开观察、分析。观察，不是一般的观看，而是有目的、有计划、有步骤、有选择地去观看和考察所要了解的事物。通过深入观察，可以从平常的现象中发现不平常的东西，可以从表面上貌似无关的东西中发现相似点。在观察的同时必须进行分析，只有在观察的基础上进行分析，才能引发思考，形成创造性的认识。

思考，绝对不能局限于表面，表面的东西往往是空洞而有所欠缺的。但本质的东西又往往依靠于表面呈现的东西而作用，没有完全脱离表面的内在。如果光做实践，不深入思考，那么得到的只能是一堆没有头绪的现象，对事物本质的认识将会是"雾失楼台，月迷津渡"。成功者思维的独到之处就在于其灵动自如直奔目标，而不为人间万象所困惑干扰。

一个人要想取得成功，不但要通过现象看到本质，而且还应该别具慧眼，看到别人所看不到的东西。从别人觉得稀奇的平常小事上，敏锐地发现新生事物的苗头，深究下去，直到做出一定创建为止。

切不可就事论事，从现象看到本质，你会发现自己将比他人获得更多的信息和筹码。有一句人人皆知的话："治标不治本。"这句话充分地说明解决问题不能只从表面着手，否则，这次解决好的问题，下次还会出现。很多问题的实质都是隐藏在肤浅的表象后面的。因此，要想成功，一定要抓住问题的实质，然后对症下药。

"月晕而风，础润而雨。"任何问题的发生，祸福的降临，都会有预兆。越是情况纷繁复杂，越能显现出一个人见识的高超来。见识低的人，在纷繁复杂的情况下，会被弄得焦头烂额，手足无措；而见识高的人，不但能应付自如，而且能从中看到潜在的机遇以及成功的曙光。

西点训条

很多问题的实质都是隐藏在肤浅的表象后面的。因此，要想成功，一定要抓住问题的实质，然后对症下药。

谁善于思考，谁就占得先机

西点有句格言："心智是更高一级的财富，赤手空拳一样能赢得天下。"的确，头脑的力量是无穷的。人类的竞争归根到底是脑能的竞争，谁学会思考，善于思考，尽可能多地发挥其大脑的神奇功能，谁就容易占得先机，领先于别人而取得成功。

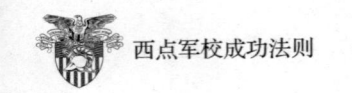

古人说"不战而屈人之兵"，这种成功的结果，是源于智慧的力量。纵观古今，横看世界，社会的发展，人类的进步，无不闪耀着智慧的火花，显示着智慧的力量。从决胜千里外的帷幄运筹，到以少胜多，以弱胜强的大小战例；从力学、电学、光学、化学等各方面理论的建树和发展，到机械、电器、原子弹、卫星等各种发明创造，都充分证明：智慧就是力量。

做事离不开智慧谋略，而智慧谋略往往能够决定你究竟能掌控多大成功率。打仗要有勇有谋，做事更是如此。在很多情况下，有谋比有勇更为重要。高尔基说过："唯有思考才能开发出智慧的潜能，才能撞开才智的大门。"

1798年5月，拿破仑出征埃及。他担心在地中海会遭到英国舰队的截击，便使用各种手段到处散布假情报，说法国地中海舰队将进入大西洋，在爱尔兰登陆。因为两年前确实有一支法国军队企图开赴爱尔兰，曾使英国受到一次虚惊。英国海军指挥官纳尔逊害怕拿破仑这一次真的进攻英国本土，于是便将舰队调集在直布罗陀海峡，准备截击从这里通过的法军。拿破仑看到英国已上了假情报的当，便乘机从土伦军港出发，开赴埃及，并顺利地在埃及登陆。

做人，凡事都以用智为上，那些只凭蛮力斗狠之人，在人生的竞技场上只能是个失败者，甚至败都不知败在何处，这应当是最可悲的。如果你一眼让人望穿，其结果可想而知，但是如果你心有城府，这样就可以避开眼前的危机而化险为夷。

面对有充分准备的竞争对手，不施奇谋很难取胜。而隐起真情，制造假象，出其不意、攻其不备，正是为了促成"乘隙潜袭"的良机。寓暗于明，寓假于真，才能避开麻烦，渡过难关，从而达到出奇制胜的目的。

蒙哥马利担任集团军司令后，在组织实施每一战术中，均体现了他异于常人、不同凡响的作战思路，特别是在后来组织阿拉曼反攻战中，更现其异。在反攻前夕，蒙哥马利组织工兵先修筑了三个半野战团的假炮兵阵地，架起了一排排用伪装网罩着的电线杆冒充的大炮。这些大炮，还故意露出马脚，让阵地前沿对面的德军透过伪装就能看出这是伪炮兵阵地。"哪有这样打仗的，没有真炮，用假炮来吓唬人"，在德军眼中，这个阵地没有任何作战实力。其实，这正是蒙哥马利施放的迷雾，他扰乱了德军的思考力，麻痹了德军。就在反攻即将开始之际，英军迅速而隐蔽地把真炮开进假炮兵阵地。待反攻一开始，伪炮兵阵地上真炮齐鸣，德军被突如其来的炮击打得晕头转向，丢盔卸甲，抱头鼠窜，伪炮阵地有力地配合了英军坦克和步兵的大举进攻。

蒙哥马利的作战怪招，调动了德军，使英军在战场上掌握了主动权。当阿拉曼战斗打响后，虽然交战双方打得很艰苦，但由于英军战前的计谋起了作用，使号称"沙漠之狐"的德军头目隆美尔处于被动挨打的地位，英军一举夺得阿拉曼战役的胜利。蒙哥马利也由此威名天下，成为第二次世界大战中著名的将领。

自古以来，成功人士的思路总是不同凡响的，蒙哥马利凭借反常思路使其成为一代名将。虚则实之，实则虚之，真真假假，虚虚实实，打破常规的思路可以从中演绎出变化无穷的奇招妙策。这个计谋表面上看是走了迂回曲折的道路，实际上是为获得机遇、为更直接、更有效、更迅速地取得成功创造了条件。

高明的人不仅要曲中见直，直中见曲，善解避实就虚之理，还要能够以迂为直，以患为利，丰富自己的成事本领。在对立的双方，因实力不同有强弱之分的时候，如果弱方不知进退，采取硬碰硬的方法，就有可能输得一败涂地；相反，如果能够避实就虚，躲开对方的锋芒，攻其弱点，就有可能扭转局势。

换一种思路，打破常规，有些看起来不可能的事情就会变为可能。这世间许多"非常的成功"，就是以"非常的手段"达成的。在追求自己理想的过程中，我们既要知道努力，也要知道思考，要寻找实现目标的最佳途径。

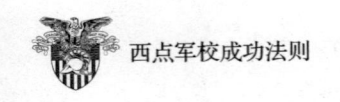

★ **西点训条**

　　竞争归根到底是脑力的竞争，谁学会思考、善于思考，尽可能多地发挥其大脑的神奇功能，谁就容易占得先机而取得成功。

出其不意更容易取得胜利

　　西点人认为，一项行动是否能圆满到极点，很大程度上取决于实现行动的计划是否周全。这与孔子说的话"工欲善其事，必先利其器"不谋而合。意思是说，要做好某项工作或工艺，必须先准备好工具和"招法"。

　　处在纷纭变幻的世界中，人应该有种权变的意识和手段。这就好比在拳击台比赛一样：两个拳手相互较量，激战正时，进退躲闪、扑让攻守，都有相当灵活的步伐和拳路，他们的一招一式都是为成功而做准备的，这一招一式就叫招法。孙悟空与牛魔王一比高低，靠的是什么？靠的是他七十二变的招法；"飞人"乔丹叱咤NBA赛场靠什么？靠的是他灵活自如、左右盘带，飞身灌篮的招法。

　　如果把"成功"比喻成金子，那么"招法"就是炼金术。从普遍意义上看，招法越是奇特，胜算的把握性就越大。巴顿说："灵活运用各种战术，在最短时间内给敌人造成最大伤亡和破坏。"

　　1944年春天，蒙哥马利元帅和西方盟军的决策者们酝酿出了诺曼底登陆战役计划。可接踵而来的问题让他们头痛，德军在诺曼底陈兵几十万，而且德军的情报人员死盯着英国登陆部队的司令官蒙哥马利。

　　在蒙哥马利的策划下，部下们很快找到了一位理想人选——陆军中尉杰姆士。杰姆士一化妆，简直跟元帅一模一样。而且，他是位有25年演出史的职业演员。从此，杰姆士同蒙哥马利元帅生活在一起……两个星期后，德军谍报人员发现容光焕发的"蒙哥马利元帅"离开了这里，便远远尾随着。德军谍报人员注意到，伦敦机场上，蒙哥马利元帅微笑地缓步登上专机，一直飞向直布罗陀和阿尔及尔。

这一切,引起了德军情报部门的恐慌。他们获得了一个叫德军统帅部大吃一惊的消息:西方盟军要在法国加莱地区登陆,蒙哥马利此行是为此做准备的!

德军连夜发出密令:减少防守诺曼底的兵力,重兵移师加莱!可是他们万万没想到,这位神气的元帅竟是杰姆士扮演的,真正的蒙哥马利元帅正在英国秘密地筹划诺曼底战役的部署。

在蒙哥马利元帅"替身计划"实施的同时,蒙哥马利还利用了英国一家电影制片厂。这些平日制作出很多精美电影布景的人们,不再干那老活儿,却个个变成了"武器制造专家"……德军获悉,大吃一惊。希特勒当即一声令下:德国精锐部队,统统调往加莱方向。

1944年10月6日晨,英美百万大军横渡英吉利海峡,蒙哥马利元帅的"瞒天过海"战术大获全胜。

招法是成功的保证,没有招法的行动和计划多会事倍功半。棋坛上有句话,叫"一招错,满盘皆输"。从这句话中,我们可以清楚地体会到"招法"对成功的重要性。

孙子兵法云:"凡战者,以正合,以奇胜。故善出奇者,无穷如天地,不竭如江河。"这里所说的奇,就是不常见的,出人意料的"招法"。以奇胜,是用奇兵或奇计战胜敌人。所谓出奇制胜,就是这个意思,后来泛指用对方意想不到的方法来取胜。

18世纪初,俄国和瑞典为争夺波罗的海制海权发生了大规模的战争。在俄国面临危急之际,彼得大帝异常冷静。他知道瑞典国王查理十二和瑞典军队的将领们,一向做事小心谨慎,优柔寡断。如果利用瑞典人的这一弱点,俄国就会转危为安。

于是,彼得大帝派遣一大批紧急信使携带着他的亲笔命令奔赴各地。他的这些命令要求各地的指挥官立刻派援军支援沿海地区。当然,彼得大帝所提到

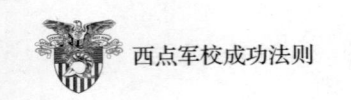

的这些援军根本不存在。负责传送命令的信使故意糊里糊涂地乱走，粗心大意地暴露身份，结果被瑞典人俘获，身上的密信也被瑞典人搜出。瑞典将领对彼得大帝的绝密命令十分在意，认为俄国军队之所以不加以顽强地抵抗退出沿海地区，是因为他们有着更深远的阴谋。在这种思想的支配下，瑞典军队放弃已占领的俄国沿海地区，迅速后撤回国。

彼得大帝以一纸假书信吓退了敌人，不费一枪一弹就解除了瑞典军队对沿海地区的围困，使俄国渡过了难关。

"善胜者不争，善争者不战。"与对手硬碰硬，和对手的优势一比高低，不是智者所为。真正的智者会躲开对方的锋芒，巧施隐蔽策动术，致使其"缝隙"增大。这样不争即胜，不战而赢。

《孙子兵法》上说："兵无常势，水无常形；能因敌变化而取胜者，谓之神。"意思是说，用兵没有通常的模式，流水没有固定的形状；能根据敌情变化而取胜的，才称得上神妙。要与对手竞争，在对方势力很强、自己力量不足时，就不要正面与他斗争，而要从对手没有防备、意想不到的地方进攻。这样，你就一定能取得胜利。

西点训条

一项行动是否能圆满，取决于实现行动的计划是否周全。招法越是奇特，胜算的把握性就越大。

你的思想决定了你的一切

西点课堂上经常强调一句话："思想力就是竞争力。"其实，很多工作并不是你做不好，而是你没有好好思考怎样去做。多看、多想、多换几个角度观察和思考问题，你会发现，自己也能成为天才。

曾有人问爱因斯坦："你的思维特点是什么？"爱因斯坦回答说："如果让一个普通人在干草堆里寻找一根绣花针，那个人在找到一根之后就不会再找了，而我则要翻遍整个草堆，把散落在里面的所有绣花针都用手找出来。"多走几步，多思考几分，爱因斯坦的成功秘诀想必就在这里。对于追求成功的人来说，机会是平等的，就看你愿意不愿意运用"思考"的武器，去发现机遇，把握机会，攻克成功路上的难关。

第二次世界大战中，有一天苏联的军队正要趁着黑夜向德军发动进攻，偏偏不巧，临到那天却是万里无云，满天星斗，部队难于高度隐蔽，很容易被敌军发觉。是要改变日期吗？但一切都准备好了。于是，朱可夫元帅焦急地思索起来。他突然想出了一个好主意——还是按原计划实施，只是下了这么一个奇怪的命令：将全军所有的探照灯都集中起来，同时射向德军的阵地。进攻开始了，苏军140台探照灯全都射向了对方的阵地，照得德军睁不开眼。只能挨打，无法反击，就这样，苏军取得了胜利。

为什么灯火通明还能取胜呢？原因就在于他找到了问题的症结。原来准备晚上进攻是要利用天黑，敌人看不见，部队好隐蔽。而问题的症结就在于，只要使敌人看不见，我方就好攻击。所以，这里"天黑"不是问题的关键，而让对方"看不见"才是根本。找到了这个根本，就可以用其他方法让敌人有光也看不见。用强光集中照射就达到了这个目的，因而朱可夫创造了这个奇迹。

可见，我们解决问题，不要急忙着手，而要认真分析，做好对问题的界定，这样就会找到问题的根本，因而解决起来就会少走弯路，提高效率。在现实生活中，一个人的思路往往决定了他会向哪个方向走，向前走多远。如果缺乏好的思路，即使他再聪明、再有抱负，也会与成功失之交臂。拥有了好的思路，就能够在迷雾中看清目标，在众多资源中发现自己的独特优势。

一个聪明人比一个普通人的高明之处在于，他总会比别人多想几步。其实，有时只要比平时多想一点就会把事情处理得很完美。在现实生活中，多想几步，将给我们带来极大的价值。深度思维与扩散性思维会给我们带来巨大的

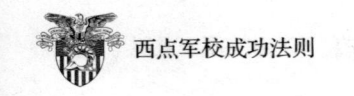

利益，会帮我们打开不可思议的机会之门。

1940年，美国皮革商巴察的食品冷冻法获得专利，他将这项专利出售后，得到了1万美元专利奖。在当时，这可不是小数字。巴察本是一个皮革商，怎么会获得食品冷冻的专利呢？这还得从头说起。

巴察经常去纽芬兰海岸，在结了冰的海上凿洞钓鱼。从海水中钓起的鱼放在冰上，立即被冻得硬邦邦的。几天后，食用这些冻鱼时，巴察发现，只要鱼身上的冰不融化，鱼味就不会变。根据这一发现，巴察开始试验将肉和蔬菜冰冻起来。他高兴地发现，只要把肉和蔬菜冻得像那些鱼一样，就能保持新鲜。经过反复试验，他又进一步发现：冰冻的速度和方法不同，食品冰冻后的味道和保鲜程度也不同。

经过几个月废寝忘食地研究，巴察为他发明的食物冰冻法，申请了专利。由于这是一种具有极大潜力和应用范围的新技术，所以很多人找上门来。巴察待价而沽，最终由通用食品公司以1万美元的巨款，把这项专利拿到了手。

在这个复杂多变的社会，要想获得成功，最大化地体现你的人生价值，就要多思考，无论看到什么，都要多问为什么，把思考变成自己的习惯。不管是谁，只要他养成比别人多想几个问题、多走几步路、多动几次手的习惯，那他就能比别人多一些成功的机会，也会比别人收获更多的果实。

之所以西点人是世界上很成功的人，是因为他们喜欢思考，喜欢用永不停息的思考去获得智慧，获得财富，获得力量。因为善于思考，他们的思维是全面的，是开放的，在别人说一的时候，他们想到的是二，甚至是三。西点人就是靠这样多想几个问题成功的。的确，人这一生中，你的思想决定了你的一切，你能想多远，你的成就就有多大。

★ 西点训条

聪明人的高明之处在于，他总会比别人多想几步。多想几步，将给我们带来极大的价值。你能想到多远，你的事业就能走多远！

第 11 章

敢于打破常规，千万别被过去的经验所限制

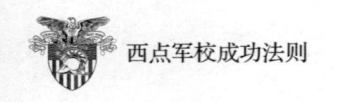

千万别陷入固有的思维模式里去

人的思维方式经常受制于既有的知识和经验，你怎么想问题和看问题是很难从既有的知识和经验中跳出来的。这就是法国心理学家缪勒发现的思维定式。他提出，在人的意识中曾出现过的观念，有不断重复出现的趋势。这正应了生物学家贝尔纳的一句话："妨碍人们学习的最大障碍，并不是未知的东西，而是已知的东西。"

人们总是很容易陷入固有的思维模式里去，有时候明明某种想法对解决问题没有很好的效果，却非得按照常规去做，结果白白地耗费了时间和精力。人一旦形成了思维定式，就会习惯地顺着固有想法思考问题，不愿也不会转个方向、换个角度想问题。很多人都有这样愚顽的"难治之症"，所以走不出宿命般的可悲结局。西点军校教官本杰明·斯蒂克告诫学员：千万别被过去的经验所限制！他举了这样一个例子：

在一眼看不到尽头的大海上，一艘远洋海轮不幸触礁沉没了。九名船员奋力与海浪搏斗，终于登上一座孤岛，才得以暂时脱离危险。

但接下来的情形更加糟糕，岛上除了石头，还是石头，没有任何可以用来充饥的东西。更让人不堪忍受的是，在烈日的暴晒下，每个人都口渴难耐，缺少可以饮用的淡水成为困扰他们的最大难题。

等啊等，没有任何下雨的迹象，除了海水还是一望无边的海水，没有任何船只经过这个死一般寂静的小岛。渐渐地，其中的八名船员因为支撑不下去，相继渴死在孤岛上。

当最后一名船员快要渴死的时候，他想，与其像其他船员那样渴死在孤岛上，不如就尝尝这海水的味道，说不定这里的海水能喝，可以救自己一命。于是，他扑进海水里，"咕嘟咕嘟"地喝了一肚子。这名船员喝完海水，一点儿也感觉不出海水的咸涩，相反，他觉得这海水又甘又甜，非常解渴。于是，他每天就靠喝这岛边的海水度日。有了海水的补给，这名船员继续同命运抗争着，终于被过往的船只解救了。

后来，人们化验这里的海水发现，这儿由于有地下泉水的不断涌出，海水实际上是可口的甘泉！

谁都知道"海水是咸的"，根本不能饮用。八名船员就是因为脑海里存有这样的生活经验，所以不敢去突破，不敢去做新的尝试，结果活活渴死了。是"环境"害死了他们，还是"经验"？对此，斯蒂克说："敢于突破'经验'，常常会使你绝处逢生。"

看来，既有的知识和经验有时会成为进步和创新的羁绊。一个人要想在人生和事业上有所突破，就必须学会突破已有的知识和经验，只有不被原来的知识和经验钳制住，才能转换自己的思维和改变自己的想法。没有这些转换和改变，新想法不会诞生，新境界不会洞开，人生和事业突破性的成功也不会实现。

在维克斯堡战役中，格兰特曾经经历两次失败，但他没有气馁，而是再次进行了精心策划。格兰特在仔细地研究过地图，聆听过大家谈论维克斯堡后，对部下说出了他决定再次攻打维克斯堡的意图，大多数人都反对，说他的计划太冒险了。

但是，格兰特还是出兵来到密西西比河西岸，从维克斯堡城前经过。他让部队在城南的一个地方乘上炮舰，渡过了河。部队在东岸登陆，在司令官的催促下，向内陆突进。为了闪电般袭击敌军，任何非必需的物品都不准携带。格兰特本人只带了一把梳子和一柄牙刷，没有替换的衣服，没有毯子，甚至没有坐骑。军队从维克斯堡南面向内陆进发。格兰特在城北的活动已经麻痹了南方军，他们不明白他在要塞南面登陆的用意。南方军指挥官慌忙南下，想摧毁格兰特的给养线，却发现根本没有什么给养线。因为格兰特违背了一条这样的基本作战原则：进攻部队的活动不能脱离掩护得很好的给养基地。他完全不受条条框框的约束，他以这片土地为生，一边前进，一边就地征集他所需要的食物

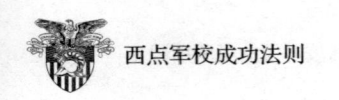

和马匹。

这场战役的胜利，改变了南北双方力量的对比，是使北方走向胜利的转折点。

人总是有其固有的传统思维，而想摆脱传统陈旧思维方式的束缚并不是件容易的事情，因为传统思想观念像影子一样深藏在人们的心灵深处，不为人们所察觉，但它却严重地影响着人们的言谈举止和行为方式。这些传统的思维方式阻碍着你的变通思维，使你行走社会感觉到做很多事都困难重重，感觉成功离你是那么遥远，但是如果你能转换思维方向，变通地看待一切，变换你的处世方式，你就会发现，你不再寸步难行，很多事情都能轻而易举地办好，成功与你也是前所未有地接近。

俯瞰芸芸众生，大多数人都很难实现自己的人生突破，很难获得重大的成功，其中一个不可小觑的原因就是，一般人都难以摆脱自己的知识和经验所形成的思维定式的束缚。很多人走不出思维定式，所以他们走不出宿命般的可悲结局；而一旦走出了思维定式，也许可以看到许多别样的人生风景，甚至可以创造新的奇迹！

★ 西点训条

要想在事业上有所进展，就必须学会突破已有的知识和经验，只有转换自己的思维和改变自己的想法，才能迎来一番新境界。

将知识转化为现实的生产力

西点人信奉这样一句话："知识本身并没有什么不好，在学习一门知识的同时，应保持思想的灵活性，注重学习基本原理而不是死记一些规则，这样知识才会有用。"

书本是全人类有史以来共同创造的财富，是永不枯竭的智慧源泉。因为有了书本，前一代得以将自己的知识、经验教训传递给下一代，使下一代人能够站在前人的肩膀上，批判地吸收他们的学识，而不必事事从零开始。如果说思维是人类成为"地球之王"的内因，那么书本则是我们俯瞰万物的资本。

不过，由于书本知识反映的是一般性的东西，表示的是理想化状态，与客观现实之间往往存在着较大的差异。在处理问题时，如果忽视这种差距，不视实际情况，不加思考地盲目运用书本知识，一切从书本出发，以书本为纲，那么书本知识在为我们带来无穷多好处的同时，也会招来不小的麻烦。在西点课堂上有这样一个案例：

汽车大王福特，并没有读过多少书，但却经常有新的创意，在行业中能独领风骚。一次芝加哥的一家报纸说福特是"无知的和平主义者"，福特很生气，遂向法庭控告报社恶意诽谤。在庭上，报社为难倒福特提出了许多书本上的常识性问题。比如："美国宪法的第五条内容是什么？""英国在1776年派了多少军队来美国镇压反叛？"等。福特对此很不耐烦，气愤地说："请让我来提醒你，在我的办公桌上有一排电钮，只要我按下某一个电钮，就能把我所需要的助手找来，他能够回答我的企业中的任何问题。至于我企业外的问题，只要我想知道，也可以用同样的方法获得。既然我周围的人能够提供我所需的任何知识，难道仅仅为了在法庭上能回答出你的提问，我就应该满脑子都塞满那些东西吗？"这一回答有力地驳回了对方的提问。

"尽信书不如无书"，读书的最终目的并不是获取知识，而是训练思维，因为知识随时可以查阅，而正确思维方法的形成，尤其是创新思维的开发则是一个长期的过程。古希腊哲人普罗塔戈说过一句话："大脑不是一个要被填满的容器，而是一支需被点燃的火把。"对教育而言，这个火把需要点燃的正是人头脑中的创新思维。

现实生活中，有很多人知识相当丰富，然而在解决实际问题中却显得很笨拙；另外，有不少人虽然缺乏一些知识，但却颇有创造性智慧。在科技界，许多重大的发明发现往往是由一些知识相对贫乏，却富有创新思维能力的人做出的。世界著名趋势专家约翰·奈斯比曾经说过："在信息时代，我们最需要的

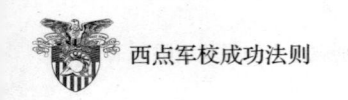

技能是：学习如何思考，学习如何学习以及学习如何创造。"

爱迪生是美国的大发明家，他的一切发明都是和他的思维活跃分不开的。一天，爱迪生在实验室里工作，急需知道一个灯泡容量的数据，因为手头忙不开，他就递给助手一个没有上灯口的玻璃灯泡，吩咐助手把灯泡的容量数据量出来。过了大半天，爱迪生手头的活早已干完，那助手还不把数据送过来，爱迪生只好上门找助手。一进那屋，他就看见助手还在忙于计算，桌上的演算纸已经堆了一大沓。爱迪生很是郁闷，他皱着眉头问助手："还需要多长时间？"助手回答说："一半还没完呢。"爱迪生一听，就全都明白了。原来，他那助手刚才一直忙于用软尺测量灯泡的周长和斜度，用复杂的公式计算呢！

助手把他那一套计算程序一一地说给爱迪生听，以证明自己的思路没毛病。爱迪生不等他说完，便拍拍他的肩膀说："别瞎忙了，小伙子，瞧我这么干！"说着，他往灯泡里注满了水，交给助手："把这里面的水倒在量杯里，马上告诉我它的容量。"助手一听，立马羞得面红耳赤。

学历很高的阿普拉在碰到"测量灯泡体积"这一问题时，却还不如只念了三个月小学的爱迪生！这不得不让我们深思。一般说来，一个人所受的教育越多，他的知识也就越丰富。而丰富的书本知识则是创新的基础。可如果读死书，不会活用知识，只限于从教科书的观点和立场出发去观察问题，那不仅不能给人以力量，反而会消耗我们的创新能力；而读书少，知识不多，学历不高的人，只要善于运用思维，同样也能做出创造发明。

当今，人类知识的容量已超过以往一切时代的总和，"知识爆炸"的态势警策我们：只会积累知识，即使皓首穷经，充其量不过是一个双脚书橱，难有大作为；而思维能力强的人，却能再造知识，开发智能，将知识转化为现实的生产力。

★ 西点训条

读书的最终目的并不是获取知识，是训练思维。思维能力强的人，能再造知识，将知识转化为现实的生产力。

努力改变你沉于常规的思维方式

简单地说，思维定式就是反复感知和思考同类或相似问题所形成的定型化的思维模式。思维定式是人类心理活动的普遍现象。一个人如果形成了某种思维定式，就好像在头脑中筑起了一条思考某一类问题的惯性轨道。有了它，再思考同类或相似问题的时候，思考活动就会凭着惯性在轨道上自然而然地往下滑。思维定式是阻碍人前进的一条铁链，它使人的思维进入无法前进的死胡同。

要摆脱和突破一种思维定式的束缚，经常需要付出极大的努力。西点教官提示学员说，无论是在创新思考的开始，还是在其他某个环节上，当我们的创新思考活动遇到了障碍，陷入了某种困境，难以再继续想下去的时候，往往都有必要认真检查一下：我们的头脑中是否有了某种思维定式在起束缚作用？我们是否被某种思维定式捆住了手脚？

碧叶连天的池塘里，青蛙灵活地在荷叶上跳跃前进，捕食最心仪的猎物；层层设防的敌阵中，攻击部队超越前线直入腹地，夺占一个个中心要点。两者的"作战机理"如出一辙。人们形象地把后者这种跳出了线性思维束缚的作战理论称为"蛙跳"战术。

"蛙跳"战术最早诞生于第二次世界大战后期的太平洋战场。1943年的太平洋战争就陷入了这样一种拉锯状态：以美国为首的盟军开始反攻，日军则负隅顽抗。南太平洋上岛屿星罗棋布，双方逐岛争夺，战争异常艰难。为了加快战争进程，一个大胆的想法在美军的两大名将麦克阿瑟和尼米兹的脑海里产生了：放弃一线平推的传统做法，跳跃前进，越岛攻击。太平洋战区的盟军在他们的指挥下，两路并进，利用海军优势，避开日军的一线防御要点，攻取其战略纵深中守备较弱的岛屿，得手以后再以此为支撑继续开展进攻，从而使战争的进程大大加快，仅用半年多时间即突破了日军的内防圈。

第二次世界大战时的"蛙跳"战术是以海军为"助跳器"，主要运用于登

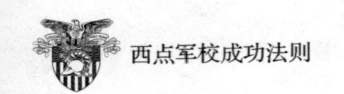

陆作战。战后，随着空中运输能力的提升，"蛙跳"战术逐渐成为美军空降作战的主要理论。1983年，举世震惊的美军入侵格林纳达战争就是一场典型"蛙跳"伞降作战。美军指挥官摒弃抢滩上陆的传统战法，直接依靠空降兵越过格军的防御阵地抢占机场。空降兵在150米超低空跳伞，船不泊岸，兵不湿靴，在短短4天内即解除了格军的武装。

基于思考以往同类问题所形成的定式思维必然会极大地影响创造性思考，使人难以跳出思维定式的框框，好像进入了封闭的轨道。所以，创造性思考中，无论是新碰到的问题，还是老问题，都需要有新的思考程序和新的思考步骤，要突破定势思维的束缚。

贝弗里奇在《科学研究的艺术》一书中，对此也进行了深刻而中肯的论述："几乎在所有的问题上，人脑有根据自己的经验、知识和偏见，而不是根据面前的佐证去作判断的强烈倾向。因此，人们是根据当时的看法来判断新设想。"对我们来说，思维定式有利有弊，它就像一副有色眼镜，戴上它，看到的是变了色的世界；可假如取下它，眼睛无法看清外界事物。而一个人创新能力的强弱，关键就在于他能否突破思维定式，去想别人所未想、求别人所未求、做别人所未做的事情。

在瞬息万变的社会，如果一味恪守前人的经验，形成固定的思维方式，就会在思维定式中失去创新的机会。固定的思维方式容易产生偏见，这种偏见带有强烈的个人色彩。它容易把人的思维引入歧途，也会给生活与事业带来消极影响。由此可见，针对如何解决某些带有创新性问题时，应主动检查头脑中是否存在着自设障碍。排除了这些障碍，就能使问题迎刃而解。

20世纪中期，美国和苏联都已具备了把火箭送上天的物质、技术条件。相比之下，当时美国在这方面的实力比苏联更强。但双方都存在一个卡脖子的问题：火箭的推动力不够，摆脱不了地心的引力。怎么解决这个问题呢？当时美苏双方的专家都是根据自身长时间以来的实践经验，尽量设法增加所串联的火箭数量，以不断增强推动力。尽管火箭的数量已增加了不少，但还是解决不了问题。

后来苏联的一位青年科学家，摆脱了不断增加串联火箭的思路。他突破这一思维定式，产生了一个新的设想：只串联上面的两个火箭，下面的火箭改为用发动机并联。经过严密的计算、论证和实践检验，这个办法终于获得成功。因为这样一来，火箭的初始动力和速度一下子就大大地增强了，达到了足以摆脱地心引力的程度。于是，一个长时间使成百上千专家束手无策的技术难题，由于这样一个简单的新设想的提出，很快便得到了解决，从而使苏联抢在美国之前，于1957年，首先将人造卫星送上了蓝天。

突破思维定式作为一种思考方法，在人们的实践活动中有着极大的价值。它有助于打破旧框框的束缚，有利于发挥人们的想象力和创新能力，从而打开新的思路，产生许多出人意料的新思想、新方法。旧思维一旦被打破，呈现在人们面前的往往就是金光闪闪的前景。

所以，若想在某些方面寻求成功和追求卓越，必须设法跳出你由来已久的思维定式，努力改变你沉于常规的思维方式。这是每一个人走向成功与卓越的第一步，也是起跳时最关键的一步。大多数成功者，只实现了这一步，就彻底改变了他们的整个人生。

西点训条

突破思维定式在人们的实践活动中有着极大的价值。设法跳出由来已久的思维定式，就能彻底改变整个人生。

从常规中走出来，从世俗中走出来

长期习惯于按"一定之规"考虑问题，很少进行创新思考，是人类心理活动的普遍现象。基于反复思考一类问题所形成的"一定之规"，对创新思考常常会起一种妨碍和束缚的作用。它会使人陷在旧的思维模式的无形框框中，难以进行新的探索和尝试，因而也就难以产生新的设想。

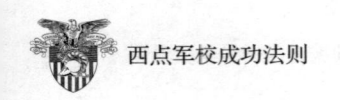

在欧洲，自从西红柿采摘机发明之后，不少专家们一直在忙于如何改进它。但是，那些经过改进的形形色色的采摘机，依然无法避免这样的困局，那就是：在采摘过程中，西红柿皮会被弄破。后来，有人发现，其问题的关键不是采摘机太笨重，而是西红柿的皮太薄，要想彻底解决这个问题，只有请植物学家培育出一种新品种，使西红柿长出像水果那样厚的果皮——这个思维方法，无疑是一种对常规的重大突破。

西点军校1987届毕业生约翰·克理斯劳说："规则和纪律一定要遵守，但这绝不应该成为你墨守成规的借口。"在历届西点军校的课堂上，都会讲到这样一个案例：

钢铁大王安德鲁·卡耐基，19岁的时候在宾夕法尼亚铁路公司做电报员，一次偶然的机会，卡耐基处理了一件意外事件，使他得到提升。

当时的铁路是单线的，管理系统尚处于初级阶段，用电报发指令只是一种应急手段，有很大的风险，只有主管斯考特先生才有权力用电报给列车发指令。一天上午，卡耐基到办公室后，得知东部发生了一起严重事故，耽误了向西开的客车，而向东的客车则是信号员一段一段地引领前进，两个方向的货车都停了。到处都找不到斯考特先生，卡耐基终于忍不住了，发出了"行车指令"。他知道，一旦他指令错误，就意味着解雇和耻辱，也许还有刑事处罚。卡耐基在《自传》中写道："然而我能让一切都运转起来，我知道我行。我知道要做什么，我开始做了。"

当斯考特先生详细检查了情况后，从那天起他就很少亲自给列车发指令了。不久，公司总裁汤姆逊先生来视察，见到卡耐基便叫出他的名字，原来总裁已经听说了他那次指挥列车的冒险事迹。

艺术大师毕加索说："创造之前必须先破坏。"破坏什么？绝大多数人宁愿相信，遵守既定规则是非常重要的概念；否则，如果人人都想打破规矩，岂不是天下大乱？然而，西点人士强调：这只是一种鼓励突破思考的方法，让你更精确、有效地完成任务。换句话说，"要打破的是传统观念和传统规则，而不是法律"。

一般情况下，按常规办事并不错。但是，当常规已经不适应变化了的情况时，就应解放思想，打破常规，另辟蹊径。想要跨越生命中的障碍，达到某种程度的突破，迈向未来的领域，就需要有打破常规的智能与勇气。

里美将军是美国战略空军的缔造人之一，他也是西点军校学生的楷模之一。

第二次世界大战期间，里美参加了太平洋战区对日本的作战。当时，他已经是一位德高望重的将军，领导的是当时美国最先进的飞机——B-29高空轰炸机。这种飞机性能极为优越，当然，造价也是十分昂贵的。因此，美国空军司令部要求里美及其士兵要像爱护眼睛一样爱护每一架飞机。并声言，每损失一架B-29，空军司令部都要做特别调查，严惩肇事者。

如此先进的高空轰炸机，应该在战场上唱主角，充当尖刀。但是效果却不尽如人意，正如有些飞行员不无讽刺地说："B-29可以击中任何地方，可就是击不中目标。"原因是飞机自身存在着一些严重的技术问题。看到了这一情况，里美陷入了深深的思考之中。在广泛听取了作战人员和一些专家的建议后，他果断地做出决定。他命令飞机做出一些改动，从而减少了一些装备和人员，以便装载更多的弹药。他还做出了一个让内行大吃一惊的决定：命令飞机飞行高度不得超过2286米，把高空轰炸机变成了低空轰炸机。

此命令一出，里美面临着更大的压力。美国空军部长艾德诺在电话中气愤地说："我们花了大笔经费制造出的高空轰炸机和先进的自卫系统将被你的一道命令毁于一旦，你这是拿飞行员的生命开玩笑，是违背命令。如果你一意孤行，我会考虑撤换你的职务。"

里美没有改变自己的决定，他要让事实来说话。

事实证明，里美是正确的，低空飞机能准确地炸到目标而不是其他任何地方。里美的战术获得了巨大的成功。

世上的事情有时就这么简单得让人难以置信：如果你墨守成规，等待你的只有失败；相反，如果你稍微动一下脑筋，对传统的思维方式进行一番创新，

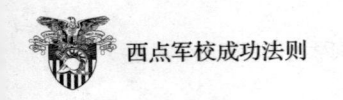

就能获得成功。一旦学会了打破常规进行思维，就会迎来一片崭新的天地。

面对瞬息万变的市场环境，只有敢于挑战常规，打破常规，才能有所作为，使自己站稳脚跟，立于不败之地。一个人要想取得成功，也必须敢于打破常规，不受常规的束缚，从常规中走出来，从世俗中走出来。若能做到这一点，你就可能获取到那些在常规中不断转圈的人所得不到的绚丽瑰宝。

西点训条

失败者是因为他们墨守成规，不会变通。面对瞬息万变的环境，只有敢于挑战常规，打破常规，才能有所作为，使自己立于不败之地。

第12章

拥有宽容之心，你的人生境界将更加开阔

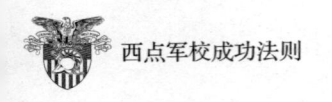

宽容他人也是对自己的一种恩赐

人类成熟的重要标志之一就是宽容。德国著名的漫画家卜劳恩有一句经典名言："一个人，只要具备善良、正直和宽容的性格，那么，便没有什么困难能够压得倒他。宽容别人，宽容生活，就是宽容自己。"当一个人把包容当作美德发扬时，这个人也就具备了感人的魅力。

艾森豪威尔是一个非常宽容的将军，一次，在外地参观，他们迷失了路线，当司机向路边的群众问："我车上坐着克拉克将军和艾森豪威尔将军，你们能告诉我这条路该如何走吗？"却没有人愿意给他们指路。克拉克将军气愤地骂："真没礼貌，该死的英国佬！我们是来帮助你们的！"艾森豪威尔却宽容地认为："他们的保密观念很强，这很好。不要责备他们！"

其实，宽容不仅是对别人的一种给予，也是对自己的一种恩赐。当你宽恕了别人的过失，理解了别人的窘困之时，你也从中获得了无尽的快乐。这种快乐不只让你自信，也激励你更加宽容地对待他人。

开往费城的火车上，中途有一个女人上了车，她径自走进一节车厢，并选了一个座位坐下。这时，她对面的一个男人点燃了一支香烟，深深地吸了几口。女人闻着烟味就难受，她故意扭了扭头，轻咳了几声，想提醒对方不要吸烟。可是，那男人完全没有注意到她的举动，还是若无其事地吸着。

女人忍无可忍，生气地对那男人说："先生，你可能是外地人吧，这列火车专门有一间吸烟室，这里是不允许吸烟的。"听女人这样说，男人完全明白了，他微笑着，歉意地将手里的香烟掐灭，丢到了车窗外。

一会儿，几个穿着制服的男人走了进来，他们来到女人身边，对女人说："这位女士，很对不起，你走错车厢了，这是格兰特将军的私人车厢，请你马上离开。"女人惊悚不已，原来坐在她对面的就是大名鼎鼎的格兰特将军，她感到非常害怕。但格兰特将军没有丝毫责怪她的意思，他的脸上依然挂着淡淡的微笑，和蔼可亲地对下属说："没事，就让这位女士坐在这儿吧。"

格兰特将军的宽容赢得了女人的敬重。

宽和待人，自己也会心平气和，轻松愉快。一个人如果经常为了一点小事就耿耿于怀，甚至严厉地指责别人的不是，如此不但让人望而生畏，不敢亲近，自己也会因为不得人缘而愁闷苦恼，真是伤人又伤己。所以，"严于律己，宽以待人"不但是人际相处之道，也是赢得他人信任和保证事业成功的根本。

宽容自然是对于人的宽容，人类是在不断地犯错中成长成熟和前进的。人来到这个世间就是来做事、尝试、探索的，没有一件事、没有一次尝试、没有一种探索不存在犯错的可能。如果说犯错是进步的前提，那么宽容就应该是进步的基础。

贝特富德是帮助洛克菲勒创建石油公司的功臣。在一次重大经营活动中，由于他决策有误，导致投资失败。他想方设法全力补救，却只收回全部投资的60%。

面对如此巨大的损失，贝特富德想洛克菲勒一定不会原谅他，因为连他自己都不肯原谅自己，于是准备辞职。不想，洛克菲勒却主动找上门来，一见面就非常友好地在贝特富德的背上拍了一下，说："你干得好极了，我的老伙计！"贝特富德以为老板是在有意讽刺他，接下来一定是暴风骤雨般的责骂，就颇为自责地说："别这样说，其实这是一次惨败。"

"可我觉得你干得非常棒！"洛克菲勒态度诚恳地说，"做生意失败是难免的，我本以为这一次会血本无归的，没想到你处置得如此果断及时，为公司保住了这么多的投资。真的！贝特富德，你能干得这么出色，我真的要好好感谢你啊！"

后来，贝特富德为了答谢老板洛克菲勒对他的宽容，更加努力地工作，给公司创造的财富远远超过了那次失误的损失。

宽容于人，宽容于事，无非是不去逞强斗狠罢了，但我们收获的却是安

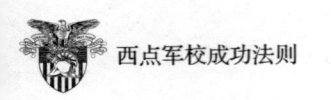

然、宁静、和谐与友好,其善莫大焉。宽容者,善以待人,能让人时且让人,能容人处且容人。正如古人云:"大着肚皮容物,立着脚跟做人。"善待自己,更要善待别人。将心比心,多给人一些关怀和理解,才能得到别人的尊重与支持。

爱默生说过:"宽容了别人就等于宽容了自己,宽容的同时,也创造了生命的美丽。"这就是包容的魅力。有一颗体谅他人的心,就仿佛获得一把钥匙,它能开启未来紧闭着的大门。

★ 西点训条

宽容了别人就等于宽容了自己。有一颗体谅他人的心,就仿佛获得一把钥匙,它能开启未来紧闭着的大门。

用宽容和体谅赢得信任和尊重

在西点,流传着这样一句格言:天空收容每一片云彩,不论其美丑,故天空广阔无比。西点人认为,宽容是做人的一种风度和境界。

一个人要想成就一番事业,就必须有宽容的心去容纳成功路上的猜疑、嫉妒。拥有一颗宽容之心,你的人生境界将变得更加开阔。成大事者,无不具有宽容的品质。谁若想在困厄时得到援助,就应在平时待人以宽。征服别人,不能依靠冲动,而是要依靠爱和宽容。爱心永存,宽以待人,就能在人生旅途中顺利地前行。

当别人的一次失误给自己带来损失时,我们有的人会大发雷霆,甚至用抱怨和责罚来发泄自己心中的怨气。这样的结果,不仅不会改变糟糕的现状,还有可能会失去一个好朋友;而有的人却会对自己的损失表现出波澜不惊,用宽容的体谅弥补自己内心的不满,从而赢得了别人的信任和尊重。

华盛顿是西点学子乃至所有美国人最崇敬的伟人之一。1754年,已升为上校的华盛顿率部驻防亚历山大市,当时正值弗吉尼亚州议会选举议员,有一个

第12章 拥有宽容之心，你的人生境界将更加开阔

名叫威廉·佩恩的人反对华盛顿支持的一个候选人。

有一次，华盛顿就选举问题和佩恩展开了一场激烈的争论，其间华盛顿失口，说了几句侮辱性的话。身材矮小、脾气暴躁的佩恩怒不可遏，挥起手中的山核桃木手杖将华盛顿打倒在地。华盛顿的部下闻讯而至，要为他们的长官报仇雪恨，华盛顿却阻止并说服大家，平静地退回了营地，一切由他自己来处理。翌日上午，华盛顿托人带给佩恩一张便条，约他到当地一家酒店会面。佩恩自然而然地以为华盛顿会要求他进行道歉，以及提出决斗的挑战，料想必有一场恶斗。

到了酒店，大出佩恩之所料，他看到的不是手枪，而是酒杯。华盛顿站起身来，笑容可掬，并伸出手来迎接他。"佩恩先生，"华盛顿说，"人都有犯错误的时候。昨天确实是我的过错。你已采取行动挽回了面子。如果你觉得已经足够，那么就请握住我的手，让我们做个朋友吧！"

这件事就这样皆大欢喜地了结了。从此以后，佩恩则成了华盛顿的一个热心的崇拜者和坚定的支持者。

每个人都有弱点与缺陷，都可能犯下这样或那样的错误。作为肇事者要竭力避免伤害他人，但作为当事人要以博大的胸怀宽容对方，避免产生怨恨消极的情绪，愈合身心的创伤。忍人所不能忍，这需要勇气和毅力，需要拥有良好的宽容的习惯和作风，更需要一种成事者的大家风范。青年人要成大事，这种习惯和作风是必不可少的，唯有如此，才会在关键时刻显出英雄本色，才能赢得人心，从而成就一番事业。

一个人胸怀宽广，大肚能容，人际关系就会很融洽。人际关系融洽，才能从中获得内心的温暖和满足，大大缓解生活中出现的焦虑与不适。对别人的冲撞，对朋友的误解，对世情的变故，你坦然以对，不计前嫌，以宽宏之心待人处世，就会得到精神的润滑，使彼此增加信任与爱戴，同时也反映出你为人的品格价值。一个人只有具备了宽容的品质，才会懂得理解和尊重他人，才会有爱人之心，有容人之量，成为识大体、顾大局的人。

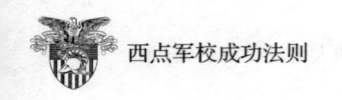

1792年2月，拿破仑进军罗马，在谢尼奥之战中，抓到了大批意大利俘虏。拿破仑考虑到当时的形势和权衡得失以后，决定释放全部的俘虏。

在释放以前，拿破仑用意大利语向俘虏们做了演说，在高谈所谓意大利自由和教皇制度的种种弊病以后，自我夸耀道："我是意大利各族人民的朋友，特别是罗马人的朋友。我是为你们的幸福到这里来的。现在把你们释放了，请你们回到家里，告诉你们家乡的人：法军是宗教、秩序和穷人的朋友。"面对拿破仑宽大为怀的态度，俘虏们万分感激。于是，欢呼声代替了恐惧感，战争中的仇人成了恩人。这样做的结果是，被释放的俘虏成了法军的宣传员，他们到处宣传拿破仑，说他才真正地爱护意大利人。

消息迅速传开，甚至传到偏远的亚平宁山区，进入了许多农家茅舍，这为后来拿破仑在意大利采取军事行动和对其进行统治创造了很好的条件。

在人际关系中，宽容能产生强大的凝聚力和亲和力。应该说，宽容是双向的，于人于己都有益。如果一味苛求别人，得理不饶人，这样不但于事无补，反而会破坏珍贵的情谊。从一时看，对人以德报怨、宽容相待，可能会使自己受到委屈，心里一时难以平衡，但从长远来看，包容恰恰是一种人格的表现，它会使一个人增添无形的魅力，树立崇高的威信。

宽容他人无异于提升自己，因为人际关系本身就是一个个小圈子，你的包容就好比润滑剂，会使圈子里的人越来越密，使圈子也越来越大，感激和敬佩你的人也越来越多。当你遭遇困难和挫折时，别人也会伸出热情的援助之手。你的宽容滋润着别人、感化着别人，会收到"润物细无声"的效果，它接纳的不仅仅是眼前短暂的风雨，也包含着今后日子里的灿烂阳光。

★ 西点训条

征服别人，不能依靠冲动，而是要依靠爱和宽容。爱心永存，宽以待人，就能在人生旅途中顺利地前行。

用谅解的态度去对待人和事

生活并不是纯美的，之中隐藏着各种矛盾，矛盾是激化还是平息，宽容之怀是主导。西点人常讲，忍让是人生的一种包容，是一个人心胸开阔的重要表现。没有必要和别人斤斤计较，更没有必要和别人争强斗胜，给别人让一条路，就是给自己留一条路。

只要我们以谅解的态度、宽广的胸怀去对待人和事，就能使矛盾得到缓和。一个人如果心胸狭窄，经常为了自己的一点私利斤斤计较，结果只能使矛盾愈加深化，不仅伤害感情，影响友谊，还会破坏和谐。当你和别人之间发生矛盾的时候，要主动示好，采取寻求和解的行动，这样才能赢得和谐的人际关系，享受幸福的人生。美国第三任总统杰斐逊与第二任总统亚当斯从交恶到宽恕就是这样一个生动的例子。

杰斐逊在就任前夕，到白宫去想告诉亚当斯，他希望针锋相对的竞选活动并没有破坏他们之间的友谊。但据说杰斐逊还来不及开口，亚当斯便咆哮起来："是你把我赶走的！是你把我赶走的！"从此，两人没有交谈达数年之久，直到后来杰斐逊的几个邻居去探访亚当斯，这个坚强的老人仍在诉说那件难堪的事，但接着冲口而出："我一直都喜欢杰斐逊，现在仍然喜欢他。"邻居把这话传给了杰斐逊，杰斐逊便请了一个彼此皆熟悉的朋友传话，让亚当斯也知道他的深重友情。后来，亚当斯回了一封信给他，两人从此开始了美国历史上最伟大的书信往来。这个例子告诉我们，宽容是一种多么可贵的精神，高尚的人格。

其实，给别人留余地也是给自己留余地。不让别人为难，不让自己为难，这就是留余地的妙处，也是处世交往的良方。陷身于争斗的漩涡后，不必非逼得对方鸣金收兵或竖白旗投降不可。明智的做法就是放对方一条生路，让他有个台阶下，为他留点面子和立足之地。这不太容易做到，但如果能做到，则好处多多。

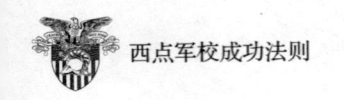

用宽容这个武器，可以化解世界上的一切矛盾。宽容是一种坚强，而不是软弱。宽容要以退为进、积极地防御。宽容所体现出来的退让是有目的有计划的，主动权掌握在自己的手中。无奈和迫不得已不能算宽容。宽容的最高境界是对众生的怜悯。

太平洋战争爆发以后，由于日本军队背信弃义，野蛮地虐待被俘美军官兵，这激起了麦克阿瑟对日本法西斯的深仇大恨。他曾满怀复仇的怒火发誓："我一定打回菲律宾，打败日本！"经过3年多的浴血奋战，美国终于在1945年太平洋战场上打败了日本，迫使其投降。日本投降后，麦克阿瑟被任命为驻日盟军总司令，负责日本战后的重建工作。

麦克阿瑟手下的一些军官早想发泄一下对日本侵略者的深仇大恨，多次建议把天皇裕仁这一头号战犯处死，但麦克阿瑟拒绝了；有些参谋人员为了炫耀一下战胜国的权威，建议把裕仁带到盟军最高司令部来，麦克阿瑟也没接受。他认为，这样做会使日本对盟军产生更强的抵触情绪，他说："天皇会不请自来的，我们等着吧。"

果然不出所料，1945年9月27日，天皇怀着忐忑不安的心情来到麦克阿瑟下榻的美国大使馆。麦克阿瑟获悉后，赶快来到会客大厅的门口礼貌地迎接了天皇。

在客厅就座后，天皇见麦克阿瑟以上宾礼仪接待。十分感动，他带着负罪的心情，主动地说道："麦克阿瑟将军，我对贵国和世人犯下了不可宽恕的罪行，我今天来见您，是要把我交由您代表的各个大国来裁决，我对我的人民在战争中所做的一切政治、军事决定和采取的一切行动承担全部责任。"

麦克阿瑟听到这些话后，十分高兴。他对天皇说："战争的责任是要追究的，但天皇可以例外。请相信，您将得到我们战领军的妥善对待。"

这几句话，终于使天皇久久提着的心放了下来，他被感动得手足无措，连声"谢谢，谢谢"。

对此，麦克阿瑟解释道："从感情上讲，我是仇恨日本人的。但一旦取得胜利，作为战领军的最高长官就不能感情用事，我现在关心的是怎样使他们重新站起来，而不是永远爬不起来。"

1951年，当麦克阿瑟离职回国时，日本首相吉田茂向全国发表讲话："麦克阿瑟将军为我国所做的贡献是历史上的一个奇迹，我无法用语言来表达我国人民对他的依依惜别之情。"之后，吉田茂又评论说，麦克阿瑟对裕仁处理得当，是美国对日本之战所以成功的一个重要原因。

"为善之端无尽，只讲一让字，便人人可行"，古贤之语道出了包容的真谛。包容并不是退缩，它是一种默默的克制，无声的期待。它来源于知识的充实，道德的修养，是看透社会与人生以后所获得的那一份从容自信和超然。不论做什么事，只要具备一种包容的智慧，造就一颗包容之心，就能创造出一片属于自己的天空。

包容是生活的艺术。看似仅仅对别人做出了善意的举动，而又何尝不是对自己内心的充实和肯定呢？理智地退却，大度地谦让，将会有一片海阔天空的灿烂天地任你驰骋。

★ 西点训条

忍让是人生的一种宽容，是一个人心胸开阔的重要表现。没有必要和别人争强斗胜，给别人让一条路，就是给自己留一条路。

你的胸怀能容下多少人，就能赢得多少人

美国有一句谚语："林肯般的真诚与宽容。"在这位伟人的身上体现出的这种美德，与他继母的教育是分不开的。继母曾微笑着对林肯说："孩子，你要学会宽容别人，这样才能使自己的路越走越宽广。要不然，你在社会上就会到处树敌，很难成功。"此后，林肯牢记着母亲的教导，这种宽容的美德为他以后的人生铺平了道路。

可以这样说，林肯的宽容和仁慈成就了他伟大的业绩，也成就了统一而强

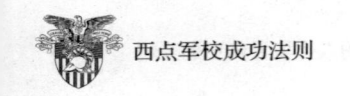

大的美国。对任何人不怀恶意，对一切人抱宽容态度，这是林肯的做人原则，即使对待政敌也是如此。有一次，一位议员不满地对林肯说："你为什么试图让他们变成朋友呢？你应该想办法打击他们，消灭他们才对。""难道不是吗？当我们成为朋友时，政敌就不存在了。"林肯总统微笑而答。将敌人变成朋友，何等的胸怀，何等的气度！

所谓胸怀，就是指一股"用天下之材、尽天下之利"的气度，当然，还包括相当程度的包容——对异己的包容，对陌生的包容，对不如己者的包容。屡次遭受生活的打击和磨难，而不愤世嫉俗，仍能保持宽容、平和的心态，对别人不斤斤计较，这正是西点精神的一项重要内容。

美国南北战争期间，有一个名叫罗斯韦尔·麦金太尔的年轻人被征入骑兵营。由于战争进展不顺，士兵奇缺，在几乎没有接受任何训练的情况下，他就被临时派往战场。在战斗中，年轻的麦金太尔担惊受怕，终于开小差逃跑了。后来，他以临阵脱逃的罪名被军事法庭判处死刑。

当麦金太尔的母亲得知这个消息后，她向当时的总统林肯发出请求。她认为，自己的儿子年纪轻轻，少不更事，他需要第二次机会来证明自己。然而，部队的将军们力劝林肯严肃军纪，声称如果开了这个先例，必将削弱整个部队的战斗力。

在此情况下，林肯陷入两难境地。经过一番深思熟虑后，他最终决定宽恕这名年轻人，并说了一句著名的话："我认为，把一个年轻人枪毙对他本人绝对没有好处。"为此他亲自写了一封信，要求将军们放麦金太尔一马："本信将确保罗斯韦尔·麦金太尔重返兵营，在服完规定年限后，他将不受临阵脱逃的指控。"

如今，这封褪了色的林肯亲笔签名信，被一家著名的图书馆收藏展览。这封信的旁边还附带了一张纸条，上面写着："罗斯韦尔·麦金太尔牺牲于弗吉尼亚的一次激战中，此信是在他贴身口袋里发现的。"

一旦被给予第二次机会，麦金太尔就由怯懦的逃兵变成了无畏的勇士，并

第12章 拥有宽容之心，你的人生境界将更加开阔

且战斗到自己生命的最后一刻。由此可见，宽恕的力量是何等巨大。由于种种原因，人不可能不犯过失，但只有宽恕才能给人第二次机会，只有第二次机会才有可能弥补先前犯下的过失。

伯乐达董事长陆留伯说："我从不与人为敌，即便是曾经与我为敌、坑害过伯乐达的人。他们生活上有困难，找到我，我还是帮他们一把。有人说：'你怎么还对他们好？'我是这样想的：他们虽然不能成为我的朋友，但也没必要让他们做我的敌人。他们中有人毕竟在伯乐达干过，为伯乐达的发展也做过一些事，没有功劳有苦劳，没有苦劳有疲劳，多记着人好的一面吧。多交一个朋友多一条路，多树一个敌人多一分祸。"

年轻人刚走上社会，难免会与别人产生摩擦、误会，甚至仇恨，但别忘了在自己的心胸里装满宽容，那样你就会少一分阻碍，多一分成功的机遇。抱着与人为善的态度与同事共事，抱着相互学习促进的态度与竞争对手博弈，抱着共赢天下的态度与上下游伙伴合作，我们就会发现，凡墙皆门，路路畅通，四处逢源，这不是冥冥之中的运气，而是胸怀的力量。胸怀决定了人格的包容力和职业生涯的长度。

出生于平民家庭的加拿大总理让·克雷蒂安，其貌不扬，一耳失聪，连英语也说不好，可这样一个小人物却能在政坛上平步青云，三度登上总理宝座屹立不倒，成为加拿大政坛的"常青树"。克雷蒂安的成功之道在于，不树敌、肯助人，有"宰相肚里可撑船"的胸襟。1993年，保守党在大选中惨败，失去总理宝座的保守党主席坎贝尔难辞其咎，被迫辞去党主席职位。赢得胜利的克雷蒂安总理给失去栖身之所的这位昔日对手，拨了一间办公室和一个秘书。一年后，克雷蒂安又给失业的坎贝尔准备了可任选其一的两个职位——驻俄国大使或驻洛杉矶总领事，坎贝尔选择了后者——一份年薪12万加元、部长级待遇的工作。克雷蒂安就是这样以其过人的气度把宿敌化为朋友。

一个有志于事业成功的人，包容对他来说是一门人生必修课。你可以地位低下，也可以资质平庸，但你不能没有容纳之量。常怀一颗包容之心，你就会

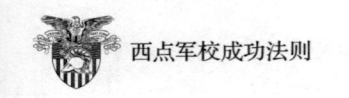

赢得人们的尊敬。胸襟博大，心宽志广，你就会上下和睦，左右逢源；以充沛的精力投入工作中，使自己的事业大有成就。

　　胸怀是一种气度，其含义不仅仅限于人与人的理解与关爱，更是内心的旷达与博爱。胸怀是一种仁爱的光芒，是对别人的释怀，也是对自己的善待，一个人的胸怀能容得下多少人，就能够赢得多少人。放大胸怀，丝毫无损于你的尊严，而会有助于自己在气度中穿越平庸。

西点训条

　　胸怀是一种仁爱的光芒，是对别人的释怀，也是对自己的善待，一个人的胸怀能容得下多少人，就能够赢得多少人。

第 13 章

可以被打败，但不可以被打倒

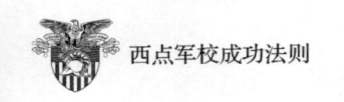

有意识地培养坚韧不拔的精神

西点著名校友、国际银行主席奥姆斯特德说:"以顽强的毅力和百折不挠的奋斗精神去迎接生活中的各种挑战,才能够免遭淘汰。"

西点不相信眼泪,也不需要眼泪和抱怨,而需要付出汗水和坚韧。带着万丈雄心走进西点大门的学员,很快就知道什么叫坚韧了。坚韧就是必须达到训练要求,没有任何通融的余地,不达标很快就会被无情地淘汰。西点深知,军事活动是真刀真枪的活动,以生命相搏的时候,谁降低标准谁就会失败,甚至死亡。同时,军事活动是充满困难的领域,不确定因素很多,比如,地形复杂、气候恶劣等,没有坚强的意志力就顶不住,就可能垮下来。因此,西点不管外界怎样批评,在设置训练的难度和强度上丝毫不减。

西点的训练严格、西点的教官冷峻、西点不收留意志薄弱者。对于想在西点立足的学员来说,教官或高年级学员的任务一下达,只有一个选择,就是完成。你需要把痛苦、劳累、磨难都装在心里,把眼泪、委屈、愤怒也装在心里,化作力量,冲击任务,达到标准。

1884年6月2日,尤利赛斯·格兰特被诊断舌部长有的息肉为癌组织。病危中,格兰特把自己视为普通病人。此时,又传来了糟糕的消息:格兰特的一家投资公司破产倒闭了。尽管病魔缠身,厄运连连,格兰特还是决心撰写回忆录。每次可卡因治疗后,他都以顽强的毅力,不屈不挠地进行写作。

在格兰特临终前5天,他的第二卷《回忆录》交付印刷。这是用毅力写成的巨著,这本著作,证实了人类的力量与尊贵,通过这套书,人们看到了格兰特是如何的坚韧不拔!

一个才智平平但是拥有坚韧品质的人,远比一个聪明但是缺乏坚韧的人容易成功。坚韧的品质是获得最终胜利的基石,没有坚韧,就没有最后的胜利,哪怕你有天赋、有金钱、有地位、有学识。因为最终结果的差别，往往就是坚韧不拔的品质起着关键作用的结果。

美国柯立兹总统曾写道："世界上没有一样东西可以取代毅力。才干也不行，怀才不遇者比比皆是，一事无成的天才也很普遍；教育也不可以，世上充满了学无所用的人，只有毅力和决心无往而不胜。"如果成功之门暂时关闭了，你应该把它视为一种新的力量的源泉，而非一种失败。这样，它会把你内心最优秀的品质激发出来。

哪里有意志存在，哪里就会有出路。一个人的意志力往往决定着他的人生，挫折也好，磨难也罢，它们更多的是伤害一个人的肉体。只要你的心灵选择坚强，就要勇敢地去挑战困难。

1883年，富有创造精神的工程师约翰·罗布林，雄心勃勃地意欲着手建造一座横跨曼哈顿和布鲁克林的大桥。然而，桥梁专家们却劝他说这个计划纯属天方夜谭，不如趁早放弃。罗布林的儿子，华盛顿·罗布林，一个很有前途的工程师，也确信这座大桥可以建成。父子俩克服了种种困难，在构思着建桥方案的同时，也说服了银行家们投资该项目。

然而大桥开工仅几个月，施工现场就发生了灾难性的事故。父亲约翰·罗布林在事故中不幸身亡，华盛顿的大脑也严重受伤。许多人都以为这项工程会因此而泡汤，因为只有罗布林父子知道如何把这座大桥建成。

尽管华盛顿·罗布林丧失了活动和说话的能力，但他的思维还同以往一样敏锐，他决心要把父子俩费了很多心血的大桥建成，于是从亡父手里接过了当时美国最大的土木工程。一天，他脑中忽然一闪，想出一种用他唯一能动的一根手指和别人交流的方式。他用那根手指敲击他妻子的手臂，通过这种密码方式由妻子把他的设计意图转达给仍在建桥的工程师们。整整13年，华盛顿就这样用一根手指指挥工程，直到雄伟壮观的布鲁克林大桥最终落成。

意志坚强的人认为世上无难事，越是遭受悲剧打击，越是表现出坚强。一个拥有坚韧精神的人一定不会怀疑自己是否可能成功，也从来不惧怕失败，因

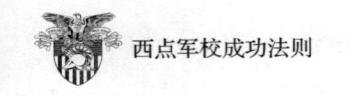

为他们有必胜的信心和坚韧的精神,只知道不断向前冲,不断向目标靠近。

人与人之间、弱者与强者之间、成功者与非成功者之间最大的差异就在于意志的力量,要有意识地培养一种坚韧不拔的人生精神。有了这种精神,人们可以从容地应对人生道路上的一切艰难险阻,可以在若干次失败的泥潭中站立起来,踏出人生的前进之路。只要你的心灵选择坚强,就要勇敢地去挑战困难。不要让挫折和厄运阻挠你,不要让它们成为绊脚石,成功终会因为你的坚强和不懈而降临。

★ 西点训条

人要有意识地培养一种坚韧不拔的人生精神。坚韧的品质是获得最终胜利的基石,没有坚韧,就没有最后的胜利。

没有什么比坚持不懈、不断进取对成功的意义更大

在西点军校两百多年的辉煌历程中,其培养了众多的美国军事人才,还有政治家、企业家、教育家和科学家。是什么使西点取得如此骄人的成绩?是什么使西点毕业生成为成功者的代名词?在众多的优秀品质中,坚持是西点教给学生的非常重要的一课。

从西点毕业的成功人士,无不具备坚持不懈的品质。在军校里,严格的纪律是培养他们坚持不懈的意志的辅助力量。走出校门,军人的特质使他们在各自的行业里,奋力拼搏,成为佼佼者。当困难来袭时,他们能够比普通人拥有更快的反应速度、更强的忍耐力和坚毅力。从不放弃,坚持不懈,是使他们走向成功的保证。

艾森豪威尔认为:"在这个世界上,没有什么比坚持不懈、不断进取对成功的意义更大。"在西点军校中,学员们对于那些冲破困难和阻力、经受重大挫折和打击而坚持到底的人,其敬佩程度是远在生活的幸运儿之上的。

西点人的楷模罗纳德·里根出生在一个极其普通的家庭,全家四口人只靠

父亲一人当售货员的工资维持生活。生活的艰辛磨炼了里根的意志，也使他产生了出人头地的强烈愿望。

里根大学毕业后，想试着在电台找份工作，然而，每次都碰了一鼻子灰。最后，里根驾车行驶了100多千米来到了特莱城，试了试艾奥瓦州达文波特的电台。电台主任让里根站在一架麦克风前，凭想象播一场比赛。由于里根的出色表现，他被录用了。

在回家的路上，里根想到了母亲的话："如果你坚持下去，总有一天你会交上好运。并且你会认识到，要是没有从前的失望，那是不会发生的。"

这次求职成了里根人生旅途的新起点。它使里根懂得，一个人只要有信心，能把握自己该干什么，那么就应该走出去敲那一扇扇机会之门。

世间最容易的事就是坚持，最难的事也是坚持。成功在于坚持，这是一个并不神秘的秘诀。法国启蒙思想家布封曾说过："天才就是长期坚持不懈。"的确，无论我们做什么事，要取得成功，坚持不懈的毅力和持之以恒的精神是必不可少的，它将是我们取得成功的法宝。歌德用激励的语言这样描述坚持的意义："不苟且地坚持下去，严厉地鞭策自己继续下去，就是我们之中最微小的人这样去做，也很少不会达到目标。因为坚持的无声力量会随着时间而增长，到没有人能抗拒的程度。"

丘吉尔也说过这样一句话："成功的秘诀就是：坚持、坚持、再坚持！"成功也许真的只是一种"坚持"，当成功与失败的比例是三七开时，坚持的时间越长，成功的机会就越大。凡事坚持，不屈不挠，就有了赢的姿态。

1819年，在横跨得克萨斯州的火车上，一个大约13岁的瘦高个子男孩，正在卖报纸和雪茄烟。当旅客们谈论有关投资方面的事情时，这个年轻人总会全神贯注地听着。

这个卖报的孩子叫威廉，他希望成为一个能预测未来的交易商。过往的人纷纷嘲笑他："噢，祝你好运，没有人能预测未来。"

为了这个梦想，长大后的威廉整天躲在狭小的地下室里，将数百万根的K

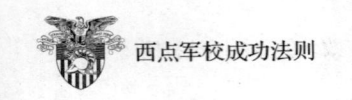

线一根根地画到纸上，贴到墙上，接下来便对着这些K线静静地思索，有时他甚至能面对着一张K线图发呆几个小时。

后来，威廉干脆把美国证券市场有史以来的记录搜集到一起，在那些杂乱无章的数据中寻找着规律性的东西。由于没有客户，挣不到薪金，很多时候他不得不靠朋友的接济勉强度日。

这样的情况在威廉的世界里延续了6年。这6年，威廉集中研究了美国证券市场的走势与古老数学、几何学和星象学的关系。6年后，他发现了有关证券市场发展趋势的最重要的预测方法，他把这一方法命名为"控制时间因素"。他在金融投资生涯中赚取了5亿美元，成为华尔街上靠研究理论而白手起家的神话人物。

他叫威廉·江恩，世界证券行业尽人皆知的最重要的"波浪理论"的创始人。

成功需要梦想，梦想需要坚持，这是一条最原始也是最简单的真理。诺贝尔奖获得者巴斯德曾豪迈地宣称："告诉你达到目标的奥秘吧，我唯一的力量就是我的坚持精神。"需要持之以恒的原因就在于，世上凡是有价值的事情通常都是有一定难度的，不可能一蹴而就，因此只有持之以恒才能完成。

目标有时遥遥无期，总也望不到头。你也许正在艰难中坚持却疲倦不已，如果这时放弃，以前的努力都将白费，所花的心血都是徒劳；而只要再坚持一会儿，再加一把劲儿，眼前就有可能是别有洞天，豁然开朗。当你拨开迷雾重见阳光的一刹那，你会觉得自己所做的再苦再累都是值得的。

坚持不是原地踏步，它是在逆流中向前，是顶着压力向上，它是积极地争取，而不是无奈地等待……你也许正在黑暗的夜色中摸索，但紧接着到来的不就是光明的早晨吗？坚持是一个过程，往往还是一个漫长的过程。只有保持一种坚韧不拔、百折不挠的执着和顽强，保持足够的耐心和毅力，才有可能走完这个过程，获得成功。

> ★ **西点训条**
>
> 当成功与失败的比例是三七开时,坚持的时间越长,成功的机会就越大。凡事坚持,不屈不挠,就有了赢的姿态。

希望是引爆生命潜能的导火索

在《哈得逊周刊》的成功箴言里,毕业于西点的史迪威将军这样说:"我打了那么多次胜仗,其实说起来毫无秘密,因为我总能看到希望。"的确,希望是成功的一半,充满希望的人能够化险为夷。

第二次世界大战结束后,德国的土地上到处是一片废墟。美国社会学家波普诺带着几名随从人员到实地察看。波普诺向随从人员问了一个问题:"你们看像这样的民族还能够振兴起来吗?""难说。"一名随从人员随口答道。"他们肯定能!"波普诺非常坚定地给予了纠正。"为什么呢?"随从人员不解地问道。波普诺回答说:"任何一个民族,处在这样困苦的境地还没有忘记爱美,桌上还都放着一瓶鲜花,那就一定能在废墟上重建家园!"

现实的人生何尝不是如此,当每个人都在哭喊环境不佳,不断地给自己注入负面能量时,又如何能振奋起精神,积极地跨步向前呢?其实,机会一直在你手中,希望也一直在你心中,只是你一直没有认真地把它们化为前进的力量而已。马丁·路德·金说:"可以接受有限的失望,但是一定不要放弃无限的希望。"为了把希望变成现实,朋友,你坚持了吗?

出生于美国的普拉格曼连高中也没有读完,却成为一位非常著名的小说家。在他的长篇小说授奖典礼上,有位记者问道:"你事业成功最关键的转折点是什么?"出人意料的是,普拉格曼的回答是第二次世界大战期间在海军服役的那段生活:

1944年8月的一天午夜,我受了伤。舰长下令由一位海军驾一艘小船趁着夜色送身负重伤的我上岸治疗。很不幸,小船在那不勒斯海迷失了方向。那位

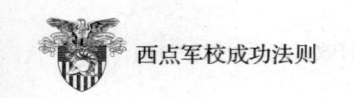

掌舵的下士惊慌失措，想拔枪自杀。我劝告他说："你别开枪。虽然我们在危机四伏的黑暗中漂荡了4个多小时，孤立无援，而且我还在淌血……不过，我们还是要有耐心……"说实在的，尽管我在不停地劝告着那位下士，可连我自己都没有一点信心。但还没等我把话说完，突然前方岸上射向敌机的高射炮的爆炸火光闪亮了起来，这时我们才发现，小船离码头不到三海里。

普拉格曼说："那夜的经历一直留在我的心中，这个戏剧性的事件使我认识到，一个人应该永远对生活抱有信心，永不失望。即使在最黑暗最危险的时候，也要相信光明就在前方……"第二次世界大战后，普拉格曼立志成为一个作家。开始的时候，他接到过无数次的退稿，但每当普拉格曼想要放弃的时候，他就想起那晚戏剧性的一幕，于是他鼓起勇气，一次次突破生活中各种各样的"围"，终于有了后来的灿烂和辉煌。

人生就是这样，只要信念还在，希望就在。许多人一陷入困境，就悲观失望，并给自己施加很重的压力，其实，应告诉自己，困境是另一种希望的开始，它往往预示着明天的好运气。因此，你只要放松自己，告诉自己希望是无所不在的，再大的困难也会变得渺小。困境自然不会变成阻碍，而是又一次成功的希望。

被日本人推崇为经营之神的著名企业家松下幸之助，曾经历过卧病在床、发不出薪资的窘境。他在《路是无限宽广》一书中回忆这段日子时说道："只要我们本身具有开拓前途的热忱，从心灵深处拜各种事物为老师，虚心去学习的话，前途依旧是无可限量的。"

人，都有怀才不遇的时候，也有受压制、被埋没的时候，但如果因一时埋没而放弃心中的信念，那生命就会成为一具空壳，永远开不出希望的花朵。无论人生的前景多么黯淡，哪怕看不到一丝亮光，也要把希望的种子耐心珍藏。无论遭受多少艰辛，无论经历多少苦难，只要一个人的心中还怀着一粒希望的种子，那么总有一天，他就能走出困境，让生命重新开花结果。

希望是引爆生命潜能的导火索，是激发生命激情的催化剂。每天给自己一点希望，就是给自己一个目标，给自己一点信心。只要我们不忘每天给自己一点希望，我们就一定能够拥有一个丰富多彩的人生。哈佛大学自开办激励教育学科以来最出色的学员之一鲍勃·摩尔说："你可以失败一百次，但必须一百零一次燃起希望的火焰。人生真的是希望无敌！"希望就是人生的灯盏，希望就是生命的动力，只要你的心中充满希望，一切美好都将成为可能。

★ 西点训条

你可以失败一百次，但必须一百零一次燃起希望的火焰。希望就是人生的灯盏，希望就是生命的动力，只要心中充满希望，一切美好都将成为可能。

不向失败低头示弱

成功人的字典上，是没有"失败"两个字的。西点有句格言："永远没有失败，只是暂时停止成功。"西点学员们懂得，没有人能确保每一件事都成功。即使失败了，也宁愿选择一种有声有色的方式失败。如果无法避免失败，就轰轰烈烈地大干一场。虽然屡遭失败，却能够坚强地百折不挠地挺住，这就是成功的秘密。

在西点，在任何时候、任何情况下，学员都会精神振奋，斗志昂扬，没有分毫的颓废之态。就拿西点的橄榄球队来说，西点的橄榄球队一度战绩不佳，屡战屡败，但从校长、教练到球员，都有一种不服输的精神。他们不断接纳新队员，撤换教练，加大训练难度，立誓夺回冠军。所有的队员在屡战屡败的时候都没有放弃过胜利的梦想，都没有被一次次失败无情地击倒，相反，由于经受了多次失败的洗礼，他们越挫越勇，坚持不懈，最终夺回了冠军。

西点人知道，第一永远只有一个，他们在追求胜利和第一的同时，也养成了一种不惧怕失败、永不放弃的精神。西点告诉学员：作为一名军人，荣誉高于一切，军人只有战死沙场，没有苟且偷生，军人的字典里没有"投降"一词。

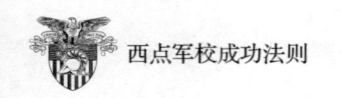

人生一场赌，只要你还在做，只要你还活着，你就还在局中，结果就没有出来。人生的输赢，不是一时的荣辱所能决定的。在不可改变的现实面前，必须加以承受，必须顽强地面对。成功的人不是从未曾被击倒过的人，而是在被击倒后、还能够积极地往成功之路不断迈进的人。

如今好莱坞当红的女明星哈莉·贝瑞这位"黑珍珠"集美丽、智慧和坚韧于一身。1999年，她因《红颜血泪》获金球奖、艾美奖最佳女主角奖。2001年，哈莉·贝瑞凭借在电视《怪物午宴》中的精彩表演，获得了奥斯卡"最佳女主角"奖，成为奥斯卡历史上的第一个黑人影后。

但是，2005年2月26日晚，命运同哈莉·贝瑞开了一个天大的玩笑，将她从人生的巅峰抛进了人生的谷底。在第25届"最差奖"颁奖仪式上，她主演的《猫女》被评为"最差影片"，她也被评为"最差女主角"。她走上了领奖台，用曾经接受过奥斯卡最佳女主角奖杯的那双手，接过了金酸莓"最差女主角"的奖杯，成为第一位亲手接过此奖杯的好莱坞女影星。

哈莉·贝瑞在人生的巅峰时没有忘乎所以而认为自己是绝对的成功；在人生的谷底时也没有一蹶不振，认为自己是绝对的失败。她难能可贵地认为，在人生旅途的地平线上，成功与失败同样都是崭新的开始。

哈莉·贝瑞在发表获奖感言时说："我这辈子从来没有想过会来到这里，赢得'最差'奖，这不是我曾经立志要实现的理想。但我仍然要感谢你们，我会将你们给我的批评当作一笔最珍贵的财富。我不会停下来，我今后会带给大家更精彩的表演。"听到这些话，人们给了她一阵又一阵热烈的掌声。

当有人请哈莉·贝瑞签名留言的时候，她写下了这样一句话："如果不能做一个好的失败者，也就不能做一个好的成功者。"

人究竟是一位胜利者，还是一位失败者，并不在于他是否一时一事取得了成功或遭到了失败，而在于他如何对待自己的成功和失败。成功之道是，不管是否成功都应该表现出胜利者的姿态。要想最终成为一个胜利者，就必须能够以胜利者的姿态对待失败。

失败者也许会暂时撤退，但他在心理上不会屈服。当他失败时所表现的风格，会使人觉得他是在必然的胜利途中，经历了一次暂时而无关紧要的挫折。一个人越不把失败当作一回事，失败就越不能把他怎么样，他就越能成功；一个人越害怕失败，失败就越会缠住他，他就越难摆脱失败。面对失败时，请永远记住一个信念：只要不服输，失败永远不会是定局！

　　有一个年轻人，他出生在一个农村的普通家庭，也曾遭遇了各种各样的磨难，但是他却成为很多人崇拜的偶像，完成了一个从"烂仔"到"影帝"的美丽童话。

　　二十几岁的时候，他录制了首张专辑。但首张专辑的面世，却让他遭到了一片抨击的口水：声线平平，嗓音条件差，唱腔如白开水……假如你以为他会打退堂鼓，那就完全错了，他属牛，从骨子里就有一股子犟劲，越是看来不行的事，他越要尝试。这种初生牛犊不畏虎的性格，注定了他又要为唱歌折腾。他认真查找自己声线上的缺点，细心观察歌坛大腕们的演唱技巧，动脑筋、细琢磨，决心从自己并无特色的嗓音中找出"特色"，最后终于形成以情带声、温柔而不失男性感染力的演唱特色。

　　1990年，他凭《可不可以》勇夺"最受欢迎歌曲奖"和"港、台两地最受欢迎男歌手奖"，他就是刘德华。

　　刘德华从骨子里就不服输，他总是能够把自己的心态调整到最佳。结果是，他用一种不屈不挠的精神战胜了自己。

　　人人都有失败。所不同的是：在失败面前，弱者选择痛苦迷惘，畏缩不前；强者却坚持不懈地追赶失败后的成功。面对失败时，不要向失败低头示弱，而应该昂首挺胸，乘风破浪。没有一个人命中注定是要失败的，只要你积极发现自己的长处，并善加利用，然后用自信和行动努力去排除一切妨碍成功的因素，就一定会赢得成功。

　　只要你有一颗永不服输的心灵，有一种越挫越勇的意志，内心就会升腾起一股勇往直前的勇气，从而也就不再抱怨上苍的不公。只要我们树立了一种不

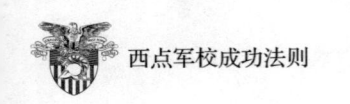

服输的人生态度，最终就能创造出属于自己的人生境界，完成从弱势地位到优势地位的转换，在社会中争取到最大的属于自己的生存空间。

⭐ **西点训条**

失败者也许会暂时撤退，但他在心理上不会屈服。只要具有不服输的精神，最终就能完成从弱势地位到优势地位的转换，争取到最大的成功。

想办法从失败中找回胜利

西点人的成功过程都是一样的，跌倒了，爬起来，再跌倒，再爬起来，只不过他们跌倒的次数比爬起来的次数要少一次。西点不欢迎失败情绪，如果真的失败了，要想办法从失败中找回胜利，以百折不挠的精神拥抱胜利。

林肯的像被挂在西点军校的图书馆里，下面写着一行大字："以林肯为榜样，汲取他的生活经验和奋斗精神。"在林肯大半生的奋斗和进取中，有九次失败，只有三次成功，而第三次成功就是当选为美国的第十六届总统。亚伯拉罕·林肯面对失败没有退却、没有逃跑，他坚持着、奋斗着。他始终有充分的信心向命运挑战，压根就没想过要放弃努力。他可以畏缩不前，不过他没有退却，所以迎来了辉煌的人生。

威廉·詹姆斯说："在失败了之后，我们不仅要重整旗鼓，还要做第3次、第4次、第5次、第6次甚至是第7次的努力。在每个人体内都有巨大的储备力量，但除非你明白并坚持开发使用，否则它是毫无意义的。"

艾柯卡经过数年如一日赤胆忠心的奋斗，为福特汽车公司立下了汗马功劳，登上了总经理的宝座。然而，春风得意的艾柯卡万万没有想到，他的大老板忘恩负义，卸磨杀驴，突然宣布：停止聘用艾柯卡。

由一言九鼎的总经理，落魄到人微言轻的失业者。巨大的反差使他痛不欲生，艾柯卡开始酗酒，自暴自弃，对自己失去了信心，认为自己要彻底崩溃了。

然而，天无绝人之路。就在这时，艾柯卡接受了一个新的挑战——到濒临破产的克莱斯勒汽车公司出任总经理。宝刀不老的艾柯卡凭着胆识、智慧和经验，大刀阔斧地对克莱斯勒汽车公司进行了整顿、改革。在艾柯卡的领导下，克莱斯勒汽车公司在最不景气的日子里，推出了K型车的计划。此计划的成功，使克莱斯勒汽车公司起死回生，重振雄风，迅速发展成仅次于通用汽车公司和福特汽车公司的第三大汽车公司。

恰恰在艾柯卡被从总经理位置上挪开整整5年的那一天，即1983年7月13日，克莱斯勒汽车公司还清了所有的债务，走上了朝气蓬勃的振兴之路。与此同时，艾柯卡为自己败走麦城画上了一个反败为胜的圆满句号。

跌倒并不可怕，可怕的是跌倒之后爬不起来，尤其是在多次跌倒以后失去了继续前进的信心和勇气。不管经历多少不幸和挫折，内心依然要火热、镇定和自信，以屡败屡战和永不放弃的精神去对付挫折和困境。

其实，很多时候击败我们的不是别人，而是自己对自己失去信心，熄灭了心中的希望之光。那些乐观进取的人，会把"此门关，彼门开"这句睿语奉为前进的动力。汤姆·沃森说："如果你想取得成功，那就请加快你失败的速度。"所有成功的故事都是巨大失败的故事，两者的唯一不同就在于，那些最终成功的人能在每次失败之后重新站起来。

在美国，所有的人都知道一个名字：哈伦德·山德士。哈伦德14岁时从格林伍德学校辍学，开始了流浪生涯。哈伦德在农场干过杂活，干得很不开心。之后，他又当过电车售票员，也很不成功。16岁一年的兵役期满后，他开了家铁匠铺，不久就倒闭了。哈伦德在18岁时结了婚，仅仅过了几个月时间，在得知太太怀孕的同一天，他又被解雇了。接着有一天，当他在外面忙着找工作时，太太卖掉了他们所有的财产，逃回了娘家。

随后大萧条开始了。他没有因为老是失败而放弃，他确实非常努力了。后来，他成了一家餐馆的主厨。但一条新建的公路刚好穿过那家餐馆，他又一次失业了。接着，他就到了退休的年龄。要不是有一天邮递员给他送来了第一份社会保险支票，他还没有意识到自己已经老了。

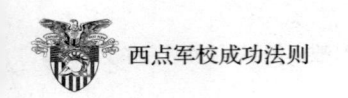

随之，他便思量起自己的所有，试图找出可为之处。他手中唯一的财产，就是拥有一份炸鸡专利配方。老人经过反复思考：如果保留配方的专利权，让那些餐馆来使用，之后从他们的盈利中提成不是很好吗？

于是，他敲开了第一家餐馆老板的门，那家餐馆老板知道他的来意之后，嘲讽地说："把你的这个痴人说梦的念头收回去吧！"

但是，哈伦德并没有因为一次的拒绝而气馁，他反倒用心地修正说辞，以便更有效地去说服下一家餐馆。

直到遭遇了第1009次拒绝之后，他才听到"同意"两个字。第1010家餐馆采用了哈伦德的炸鸡配方后，生意顿时红火起来，营业额一下子翻了几番。哈伦德的大名一下子传了出去。

之后，许许多多餐馆都主动找到哈伦德，与他签订合作合同。很快，哈伦德的炸鸡配方便风行世界。

哈伦德·山德士在88岁高龄时，终于大获成功。现在，哈伦德开创的事业依然欣欣向荣，他的连锁店遍布全世界，这个店的名字就叫"肯德基"。

有些人之所以比别人成功，就在于当面临失败时，他们有毅力和勇气爬起来，重来一次。失败并不可怕，尽管它会给你带来失望、烦恼，甚至是痛苦，但是，它却像一块磨刀石，会磨砺你的意志，鼓舞你的士气，锻炼你的品格，最终使你成为一个能够坦然面对厄运并成就大业的勇者。英国小说家、剧作家柯鲁德·史密斯曾经这样说："对于我们来说，最大的荣幸就是每个人都失败过，而且每当我们跌倒时都能爬起来。"

美国联合保险公司董事长克里蒙·史东说："跌倒时不要哭泣，再站起来，你就会看见你的机会！"这是史东面对困难时所采取的人生态度，也是他要告诉我们的成功诀窍。人可以被打败，但不可以被打倒。只要你心中有光，你同样可以第一百零一次站起来，把苦涩的微笑留给昨日，用不屈的毅力和信念赢得未来。

第13章 可以被打败,但不可以被打倒

> **西点训条**
>
> 　　人可以被打败,但不可以被打倒。只要你心中有光,你同样可以第一百零一次站起来,把苦涩留给昨日,用不屈赢得未来。

第 14 章

努力地探寻出路，有勇气去做别人不敢做的事情

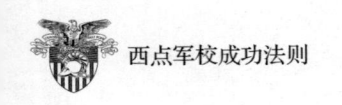

勇气和胆识是在屡战屡败中锻炼出来的

西点认为，人的勇气和胆识是在无路可走时逼出来的，是在屡战屡败中锻炼出来的，也是自己给自己灌输出来的。鼓足勇气，直面困难，你会发现自己抵抗逆境的力量其实也很强。

为了尽可能地赢得机会，你必须在紧急情况和发生问题时勇敢面对，坚持下来。要相信，勇敢出才干。有时困难在想象中会被放大一百倍，事实上，走出了第一步，你就会发现那些困难有时只是自己吓自己。很多时候并不是你的能力不行，也不是没有机会，而是你不够勇敢，骨子里生长着一种天然的惰性，一遇上困难就退缩、放弃了。

许多困难，其实都是人们凭空想象出来的。人有些时候就是这样。很多人不敢去追求成功，不是追求不到成功，而是因为他们的心里面已选择了一个"心理高度"，这个高度经常暗示自己的潜意识：成功是不可能的。"心理高度"是人无法取得伟大成就的根本原因。我们能不能成功？能有多大成功？这一切问题都取决于自我。一个人在自己生活经历和社会遭遇中，如何认识自我，如何在心里描绘自我形象，也就是你认为自己是个什么样的人，成功或是失败，勇敢或是懦弱，将在很大程度上决定自己的命运。

1864年，美国南北战争结束后，一位叫马维尔的记者采访了林肯。

马维尔问道："据我所知，上两届总统都曾想过废除黑奴制，《解放黑奴宣言》也早在他们那个时期就已草就，可是他们都没拿起笔签署它。请问总统先生，他们是不是想把这一伟业留下来，给您去成就英名？"

林肯回答道："可能有这意思吧。不过，如果他们知道拿起笔需要的仅仅是一点勇气，我想他们一定非常懊丧。"这段对话发生在林肯去帕特森的途中，马维尔还没来得及问下去，林肯的马车就出发了，因此，他一直都没弄明

第14章 努力地探寻出路，有勇气去做别人不敢做的事情

白林肯的这句话到底是什么意思。直到1914年，林肯去世50年后，马维尔才在林肯致朋友的一封信中找到答案。在信里，林肯谈到幼年的一段经历：

"我父亲在西雅图有一处农场，上面有许多石头。有一天，母亲建议把上面的石头搬走。父亲说如果可以搬走的话，主人就不会卖给我们了，它们是一座座小山头，都与大山连着。有一年，父亲去城里买马，母亲带我们在农场劳动。母亲说，让我们把这些碍事的东西搬走，好吗？于是我们开始挖一块块石头，不久，就把它们都弄走了，因为它们并不是父亲想象的山头，而是一块块孤零零的石块，只要往下挖一尺，就可以把它们晃动。"

林肯在信的末尾说，有些事情一些人之所以不去做，只是他们认为不可能。有许多不可能，只存在于人的想象中。

读到这封信的时候，马维尔已是76岁的老人了，就是在这一年，他正式下决心学外语。据说，1922年，他在广州采访时，是以流利的汉语与孙中山对话的。

要做个成功者，对你来说重要的是学会在困难时刻如何坚持前进。其实，成功并不像想象的那么难，关键是要去尝试，看看自己的实际能力是什么样子，然后耐心地一步步朝自己的目标进发，那么，成功也只不过是窗户上的一层纸而已。

不自信的人，往往把困难想象得比实际的大，他们被自己心中想象出来的困难所吓倒，从而丧失了许多成功的机会。而具有积极心态的人，他们能正视困难，他们相信，只要去做，总是有成功的机会的。有时候我们之所以害怕做事，只是因为光看到了事物消极和困难的一面，实际上任何事物都有正反两个方面。如果能以积极的心态，看到事物好的一面，就会减轻恐惧感。

意大利人伦霍尔德·米什尼在成功地登上了8848.13米的珠穆朗玛峰顶后，接受了记者采访。

记者问："海拔8000米的高度被登山运动员称为'死亡高度'，你怎么在这氧气极为稀薄的死亡高度不带氧气瓶呢？"

米什尼说："医生会证明我的肺功能和你的差不多，我在证明8000米的高

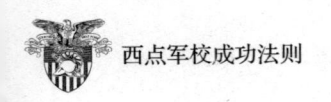

度不是人的死亡高度！我在这个高度上每走一步都要停下来深呼吸20次，吸入维持生命活力的氧再走。"

记者又问："所有登上世界高峰的人都带一面自己国家的国旗，为什么你只掏出一块手帕？难道手帕上有着比国旗更能激发你浪漫情怀的东西？"

米什尼答道："我的手帕不是夫人或情人送的，而是随意从商店里买的。我挥舞普通的手帕，只是想说明，人登上世界屋脊就像所有人爬上自己家屋顶那么普通。我不带国旗，就是告诉世人，不仅仅是意大利人才能登上这个高度！"

成功者都有一个共同的特性，那就是有勇气去做别人不敢做的事情。他们不像常人那样对困难望而却步，而是乐于投入逆境的洪流中，积极与大风大浪搏击，即使百转千回，也要到达成功的彼岸。每个人的勇气都不是天生的，没有谁一生下来就充满自信，只有勇于尝试，才能锻炼出真正的勇气。

只要想做，该克服的困难也都能克服，用不着什么钢铁般的意志，更用不着什么技巧或谋略。只要一个人还在执着而坚定地生活着，他终究会发现，造物主对世事的安排，都是水到渠成的。

西点训条

人的勇气和胆识是在屡战屡败中锻炼出来的，也是自己给自己灌输出来的。鼓足勇气，直面困难，你会发现自己抵抗逆境的力量其实也很强。

不敢尝试才是最大的失败

毕业于西点的威廉·富兰克林说过这样一句话："要求永远不犯错，正是什么也做不成的原因。"

在西点军校的历史上，人们一度认为，那些违反荣誉法则的学员必须被开除，但是在克里斯特曼担任校长期间，情况发生了变化，他相信允许犯错的培养模式是对的。这个想法促使他使用一种新的方法来处理那些违反荣誉法则的学员，让学员降级，或是三年级或者四年级的学员被派去陆军参军。如果这些加入陆军的学员表现良好，他们还有机会重新申请加入下一届学员中。

这种做法一度引起人们的不满，但更多的人知道，这是一种正确的做法。他们的出发点是将西点作为一个学习场所来看待的，那些犯错误的人，正是在接触规章制度的过程中走了弯路的人，"如果不允许犯错误，何谈学习？"学员耶格尔说。

在某些特定的情况下，教员们甚至特意制造一些犯错的机会，当然他们会让错误在自己可以掌控的范围内出现，而那些因为错误而导致的危害也被悄悄限制起来。

伊德一直把罗伯·奥尔森当作他所认识的教官中最令人佩服的一个，原因就在于后者在允许犯错上的卓越表现。当罗伯眼看着他的学员要犯错误时，他并没有急于去制止对方。这样的做法让学员受益匪浅，比以往任何时候都更加深刻地领悟了失败带来的经验。

"在员工失败的时候，要依然保持支持，帮助他们从失败中学习。"伊德认为，这是领导者应该具有的境界。伟大的思想家艾丽丝·亚当斯有句话："世上没有所谓的失败，除非你不再尝试。"

1892年夏季的一天，一位演说者到美国瓦伦斯堡的集会上演讲，演说者雄辩的技巧、扣人心弦的故事深深地影响了一位瘦弱的男孩。"一个农村男孩，无视贫穷，甚至不顾眼前的一切而努力奋斗，他一定会成功！"演说者说完便问听众："谁将是那个男孩呢？"

接着他又自答道："各位女士、先生，你们看看他。"说完，演说者的手随便指了一个方向。尽管他只是随便一指，但那男孩分明觉得他正指着自己。从那一刻起，他发誓要当一名演说家。

然而，笨拙的外表、破烂的衣服和少了一根食指的左手却总是让他在以后相当长一段时间里感觉非常自卑。有一次，他讲着讲着竟忘了词，在人们的口哨声中，他汗流满面地站在那里，尴尬至极。

连续十二次演讲的失败让他心灰意冷，他甚至对自己的能力产生了怀疑。

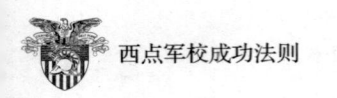

又一次的比赛结束后，他拖着疲惫的身子往家走，路过一座桥时，他停了下来，久久地望着下面的河水。

"孩子，为什么不再试一次呢？"不知何时，父亲已经站在他身后，正微笑看着他，眼里充满着信任与鼓励。

接下来的两年里，瓦伦斯堡的人们几乎每天都可以看到一个身材颀长、清瘦、衣衫破旧的年轻人，一边在河畔踱步，一边背诵着林肯及戴维斯的名言。他是那么全神贯注，以致达到了忘我的地步。

1906年，这个年轻人以《童年的记忆》为题发表演说，获得了勒伯和青年演说家奖，那一天，他第一次尝到了成功的喜悦。

30年后，他成为美国历史上最著名的心理学家和人际关系学家，他的《成功之路》系列丛书创下了世界图书销售之最。他就是被誉为"20世纪最伟大的人生导师和成人教育大师"的戴尔·卡耐基。今天，几乎所有的美国人都喜欢用这句"为什么不再试一次呢？"去鼓励自己的孩子们。

戴尔·卡耐基富有传奇色彩的一生让人在感慨的同时，也带给了我们深深的思考。很多时候，面对挫折与失败，或许我们也该对自己说这样一句话：为什么不再试一次呢？

美国管理学家彼得·杜拉克认为，无论是谁，做什么工作，都是在尝试错误中学会的，经历的错误越多，人越能进步，这是因为他能从中学到许多经验。杜拉克甚至认为，没有犯过错误的人，绝不能将他升为主管。日本企业家本田先生也说："很多人都梦想成功。可是我认为，只有经过反复的失败和反思，才会达到成功。实际上，成功只代表你努力的1%，它只能是另外99%的被称为失败的东西的结晶。"

莎士比亚说："本来无望的事情，只要你有勇气，往往就能成功。"成功者之所以成功，是因为他们在失败时总会再次鼓起勇气去尝试。

李开复刚加入微软公司时，在工作中与同事进行一般的沟通没有问题，但到了比尔·盖茨面前就总是不敢讲话，因为他非常担心自己说错话。

有一天，公司要进行改组，比尔·盖茨召集十多个人开会，要求每个人轮流发言。李开复当时想，既然一定要讲，那不如把心里话都讲出来。于是，他鼓足勇气说："在我们这个公司里，员工的智商比谁都高，但是我们的效率比谁都差，因为我们整天改组，而不顾及员工的感受和想法。在别的公司，员工的智商是相加的关系。但当我们整天陷在改组'斗争'里的时候，我们员工的智商其实是相减的关系……"

李开复说完后，整个会议室鸦雀无声。会后，很多同事给他发电子邮件说："你说得真好，真希望我也有你的胆量这么说。"结果，比尔·盖茨不但接受了李开复的建议，改变了公司这次的改组方案，并在与公司副总裁开会时引用他的话，劝大家开始改变公司的文化，不要总是陷在改组"斗争"里，造成公司的智商相减。

从此，李开复再也不惧怕在任何人面前发言了。这件事充分印证了"你没有试过，怎么知道你不能"这句话。

英国19世纪女作家乔治·爱略特曾说："犹豫代表了胆怯，意味着害怕失败，而丧失勇气去尝试的同时亦失去了唯一一点你可能成功的理由。"尝试可能会遇到失败，但不尝试则没有任何成功的希望，从这个意义上说，不敢尝试才是最大的失败。

机会总是在于创造，在于寻找，在于发现。不去尝试一下，不试着去做一下，人生之路就不会宽广。人的一生是短暂的，在这一瞬的生命中，我们应带着尝试去敲响成功的大门。

西点训条

尝试可能会遇到失败，但不尝试则没有任何成功的希望。人的一生是短暂的，在这一瞬的生命中，带着勇气去敲成功的大门，你就会成功。

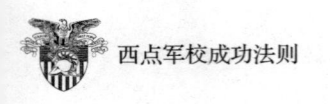

退路就是在为不成功找借口

西点军校前校长伊·本尼迪克特说:"遭遇挫折并不可怕,可怕的是因挫折而产生的对自己能力的怀疑。只要精神不倒,敢于放手一搏,就有胜利的希望。"

很多人在开始做事的时候就往往给自己留着一条后路,作为遭遇困难时的退路,然而这样怎么能够成就伟大的事业呢?有人说,破釜沉舟的军队,才能决战制胜。同样,一个人无论做什么事,必须具有绝无退路的决心,勇往直前,遇到任何困难、障碍都不能后退。如果意志不坚,随时准备遇难而退,那就很难有成功的一日。

凯撒是一位出色的军事将领。有一次,他奉命率领舰队前去征服英伦诸岛。出发前,他检阅舰队,才发现严重的问题。随船远征的军队人数少得可怜,而且武装配备也残破不堪,以这样的军力去征服骁勇善战的盎格鲁撒克逊人,无异于以卵击石。

但军令如山,凯撒决定背水一战。舰队到达目的地之后,凯撒等所有士兵全数下船后,立即命令部属一把火将所有战舰烧毁。同时,他召集全体战士,明确地告诉他们:战船已全部烧毁,大伙儿只有两种选择。一是勉强应战,如果打不过勇猛的敌人,后退无路,只得被赶入海中喂鱼;二是奋勇向前,攻下该岛,则人人皆有活命的机会。求生是人的本能,士兵们人人抱定必胜的信念,终于攻克强敌,以弱制强。凯撒也因为这次成功的战役而备受重视,直到日后掌握大权。

人在绝境或没有退路的时候,最容易产生爆发力,展示出非凡的潜能。如果我们想在最恶劣、最不利的情况下取胜,最好把所有可能退却的道路切断,有意识地把自己逼入绝境,只有这样才能保持必胜的决心,用强烈的刺激唤起那敢于超越一切的潜能。

美国杰出的心理学家詹姆斯的研究表明:一个没有受逼迫和激励的人仅能发

第 14 章 努力地探寻出路，有勇气去做别人不敢做的事情

挥出潜能的20%~30%，而当他受到逼迫和激励时，其能力可以发挥80%~90%。许多有识之士不但在逆境中敢于背水一战，即使在一帆风顺时，也用切断后路的强烈刺激，使自己在通向成功的路上立起一块块胜利的路标。

在生活中，也有很多不给自己留后路的人。网坛明星俄罗斯运动员莎拉波娃4岁时，她的父亲就变卖了他们在俄罗斯的全部资产，带着莎拉波娃到美国练习网球。正因为没有退路，莎拉波娃从小就刻苦练习，最终成长为一名成功的网球手。

有些事情是必须马上做出决定的，稍有犹豫，很可能连自己的性命都难以保全。而且一旦做出了决定，就不要畏畏缩缩，一定要抱着全力以赴的态度，才能将成功的可能性升到最大。你斩断自己的退路，就没有回头路可走。硬着头皮也得冲上去，所以这也不失为一种获取成功的方法。

日本名登山滑雪家三浦裕次郎，曾经在1970年率队攀登喜马拉雅山的珠穆朗玛峰，虽然才爬到半途，六位队友就因雪崩而丧生，但是三浦裕次郎仍然继续向峰顶迈进，终于攀至顶峰，并由珠穆朗玛峰由山谷滑雪而下，缔造了"最高滑雪者"的世界纪录。

三浦裕次郎在最危险的时刻，曾说出几句充满哲理而发人深省的话："不论成功与否，已经可以肯定的是，此行将不可能有个欣喜的结束（因为队友的罹难）。"

"此刻我已经不畏惧死亡，比死亡更可怕的是失败。"

"我已经无法将'危险的前进'，转变为'困难的后退'，所以只有选择前进。"

虽然这只是一位登山者处于极度危险已无退路的情况下所说的话，但是何尝不能用在我们的人生中呢？我们可以把自己的一生，看作这样一个旅途：不论成功与否，我们注定要死亡，所以必然不可能有欣喜的结束；但也正因为死亡已不可避免，使成功变得更为重要；当生命无法倒退时，唯一的选择，就是向前进。

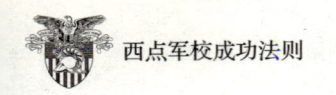

只有一条路可走的人往往是最容易成功的人，因为别无选择，所以才会倾尽全力朝目标冲刺。有时只有斩断自己的退路，才能把不可能变成可能。记得一篇文章中有着这样一段话："当面对一堵很难攀越的高墙时，不妨把你的帽子扔过去，然后你就不得不想尽一切办法翻过高墙到那下边去了……""把自己的帽子扔过墙去"，就意味着你别无选择，为了找回自己的帽子，你必须翻过这堵围墙，毫无退路可言，这就是给自己施加压力，让自己永远不要有退缩的念头，去战胜困难，争取成功。

　　古希腊著名演说家戴摩西尼年轻的时候为了提高自己的演说能力，躲在一个地下室练习口才。由于耐不住寂寞，他时不时就想出去溜达溜达，心总也静不下来，练习的效果很差。无奈之下，他横下心，挥动剪刀把自己的头发剪去一半，变成了一个怪模怪样的"阴阳头"。这样一来，因为羞于见人，他只好一心一意地练口才，结果演讲水平突飞猛进。正是凭着这种专心执着的精神，戴摩西尼最终成为世界闻名的大演说家。

　　一个人要想干好一件事情，成就一番事业，就必须心无旁骛、全神贯注地追逐既定的目标。但人都有惰性、有太多欲望，有时难免战胜不了身心的倦怠，抵御不住世俗的诱惑，割舍不下寻常的享乐。一些人因此半途而废，功亏一篑。这时候，不妨学学戴摩西尼的精神，他剪掉了一半头发，就彻底斩断了向惰性和欲望妥协的退路。而一旦没有退路可逃，就只能一门心思地朝前奔了。

　　人生没有退路，我们才会更加努力地探寻出路。生活中，退路就是在为不成功找借口，在经历失败后，它就成了堂而皇之的退缩理由。当你为自己留出后路时，你就在失败上投下一枚筹码，你的信心就已经削减了一半。斩断自己的退路才能更好地赢得出路。如果我们要前行，就不要顾着退路。在关键时刻，有破釜沉舟的勇气者，才能给自己创造一个冲向成功高峰的机会。

★ 西点训条

　　遭遇挫折并不可怕，可怕的是因挫折而产生的对自己能力的怀疑。只要精神不倒，敢于放手一搏，就有胜利的希望。

第14章 努力地探寻出路，有勇气去做别人不敢做的事情

你所做的决定决定了你的未来

西点人的偶像林肯认为：一个人决定实现某种幸福，他就一定会得到这种幸福。也就是说：你希望成功，并始终相信自己会成功，你就会永不停止地努力，那么，你就会获得成功。

并不是我们命里注定不能成为大人物，而是我们从来没有想过要成为那样伟大的人物！成功的第一个秘诀就是要下定决心。经常有年轻人问卡耐基，是否认为他们可以取得成功。卡耐基回答说："你当然可以成功。如果你有去争取成功的决心，那么，没有什么可以阻挡你；如果你没有这样的力量和愿望，那么，再好的教育、再有利的外界因素，都不足以把你推向成功。"

不要把失败归咎于环境，因为这样只会使自己处在困境中，因而更加堕落。成功的人会自行创造出各种有利于自己的环境，而不是被一般世俗的环境所影响。改变的力量源自决心，只有下定决心，潜能才能被发掘。请记住，你的人生直到你下定决心的那一刻才会发生实质性的变化，你所做的决定决定了你未来的方向。

成功学界流行一个著名的观点：成功来源于你是想要，还是一定要。如果仅仅是想要，可能我们什么都得不到；如果是一定要，那就一定有方法可以得到。成功来源于"我一定要"。一个人"想要"的时候，连小石头都可挡住他的去路；但是"一定要"的人，再大的障碍都挡不住他想要的结果！

人人都想成功，但是大部分人都希望自己成功，而不是一定要成功。他们对成功的企图心不是那么强烈。这样的人一旦遇到瓶颈，要付出代价时，就会退而求其次，或者干脆放弃。要成功，你必须先有强烈的成功欲望，就像你有强烈的求生欲望一样！要想成功，仅仅希望是不够的。

阿里巴巴公司创始人、中国互联网行业的先锋人物马云，于1995年成立中国首家商业网站——中国黄页。2001年被世界经济论坛选为"全球青年领袖"；2005年被美国《财富》杂志评为"亚洲最具权力的25名商人"之一。

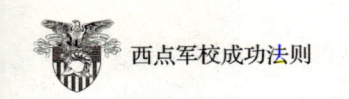

马云个头不高,但从小就喜欢打架,是个很调皮的孩子。小学不是重点小学,中学普通,大学也很普通。他曾经也很想到北大上学,但他的数学成绩已经差得不能再差,以至于需要通过连续三次高考,而且每次数学分数都有大幅提高,才摇摇晃晃进入了与北大相差甚远的杭州师范学院专科。

马云到大学后悬崖勒马了,变得刻苦认真。此外,进入大学校园后他还将往日打架的劲头转到学生工作上,不仅顺利当选为学校学生会主席,还做了杭州市学联主席。对于一个二流高校学生来说,这几乎是个奇迹。

马云说:"我并不聪明,还讨厌高科技的东西。我为什么不做大学老师来做阿里巴巴?我想证明一点:如果马云能成功,那么大家都能成功。这世界上每个人都是很成功的,只要你下定决心。"

印度有句格言:"人们如果下定了坚强的决心,神仙也会来帮忙。"足见决心可以推进人生,积聚力量,还可以感动与调动外在有利的因素。著名篮球运动员迈克尔·乔丹说:"要是前面有一堵墙,不要折回头放弃努力,想办法爬过去并超越它,即使被撞到也不要回头!"

如果我们有心,也都可以成为成功者中的一员,然而要怎么去做呢?很简单,那就是今天就下定决心,在未来的日子里到底要成为怎样的一个人。真正的决心是一种强烈的欲望,一种不达目的誓不罢休的精神,是一种对生活现状忍无可忍的态度。当我们下定决心一定要去做的时候,那些起初看起来很艰难的事情就会变得非常简单。

★ 西点训条

改变的力量源自决心,只有下定决心,潜能才能被发掘。人生直到你下定决心的那一刻才会发生实质性的变化,你所做的决定决定了你的未来。

参考文献

［1］李昇鸣.向西点学习：责任荣誉国家［M］.哈尔滨：哈尔滨出版社，2007.

［2］肖悦.西点军校成功密码——精英是如何练成的［M］.北京：北京理工大学出版社，2015.

［3］韩浏.西点军校成功智慧［M］.北京：中国纺织出版社，2008.

［4］牧诚.西点军校心理素质课：培养完美心灵的10堂课［M］.北京：中国法制出版社，2016.